教育部人文社会科学基金项目"公共服务资源配置与移民空间选择协同优化的路径及策略研究"(项目编号：16YJC790076)资助出版

女留学生跨文化适应研究

孟霞 著

WUHAN UNIVERSITY PRESS
武汉大学出版社

图书在版编目(CIP)数据

女留学生跨文化适应研究/孟霞著.—武汉：武汉大学出版社，2018.7

ISBN 978-7-307-20329-7

Ⅰ.女… Ⅱ.孟… Ⅲ.女性—留学生—青年心理学—研究—中国
Ⅳ.B844.2

中国版本图书馆 CIP 数据核字(2018)第 145585 号

责任编辑:韩秋婷 责任校对:汪欣怡 版式设计:汪冰滢

出版发行:**武汉大学出版社** (430072 武昌 珞珈山)
(电子邮件:cbs22@whu.edu.cn 网址:www.wdp.com.cn)

印刷:北京虎彩文化传播有限公司

开本:720×1000 1/16 印张:12 字数:178 千字 插页:1

版次:2018 年 7 月第 1 版 2018 年 7 月第 1 次印刷

ISBN 978-7-307-20329-7 定价:42.00 元

序　言

　　社会适应是社会化研究的一个角度，跨文化传播旨在研究来自不同文化背景的人们是如何进行交流以及提高跨文化交流技巧、克服跨文化交流障碍的，目的在于提高不同文化背景群体的社会适应水平。本书以中国女留学生在美国 D 大学的社会适应为例，研究她们的社会适应状况、社会适应过程和社会适应程度。通过参与性观察和对个案深入访谈，笔者分析了女留学生在 D 大学社会适应的影响因素和获取社会支持的情况，进而对如何提高和改善在 D 大学社会适应状况提出了建议。

　　社会学本身是可以像自然科学一样，观察、抽象和系统化社会现象，但同时社会学也是一种哲学，可以对社会事实进行评价。从其自然科学性的角度而言，社会学可以用来观察和系统化各种社会现象以及它们之间的关系，但是从其哲学性的角度来看，社会学更能够透过社会现象的本质去理解各种社会事实和社会现象之间的内部联系和前因后果（Bristol，1915：4）。笔者对于大的理论一直有一种陌路感，不敢轻易去尝试。任何简单的现象背后总有其与这个或那个的联系，经历过后回身来看：所有情节都已经清晰，但结果还未出现。这本书，就是想在自己留学经历行将结束，留学记忆还清晰的时候，做一个从台前到幕后，从现象到理论的总结。

　　社会适应是一个灵活的课题，并没有绝对的研究框架，笔者在阅读国内外有关社会适应研究文献时发现该专题研究范围广泛，研究领域多样，研究侧重点不同，研究者专业背景分散，研究风格亦互不相同，所以，该专题的各种研究成果是各个学科知识汇聚的结果，兼具理论性和实践性。

笔者选取社会适应这个角度，是想凸显一种动态性和过程感。笔者同意以下这种对社会适应的定义，即"社会适应是指个体通过调整以适应他人、社会和各种文化形式的一种过程"①。本书中，笔者想通过一种过程描述，展现美国 D 大学的中国女留学生如何自我调整、自我帮助，在此进行社会适应的。在动态的描述中，抽象出这类女生社会适应的情况，引申出其受到社会支持的种类、来源、效果，提出有关提高社会适应程度的策略和提供社会支持的方向。进一步为学界关于社会适应研究提供第一手分析研究资料，扩充社会适应理论和社会支持理论，为已在国外留学的中国女生提供社会适应方面的参考和社会支持方面的选择，为有出国留学意向但尚未出国的女生提供生活适应方面的前期参考。同时，这样的研究可以为社会学界提供一个新鲜的研究群体，呈现一部分新鲜的研究内容。

本书具体分为以下六章：

第一章，相关研究文献综述。本章系统回顾了国内外学者关于社会适应和社会支持的理论和经验研究的成果，归纳出我国学界关于社会适应和社会支持的几个研究对象，即女性社会适应和社会支持研究、青少年社会适应和社会支持研究、大学生社会适应和社会支持研究以及移民社会适应和社会支持研究。

第二章，研究设计和研究方法概述。本章全面分析了笔者如何依照定性研究中的叙说分析进行资料收集、资料整理和资料运用，阐述了笔者的研究过程。同时，因为受到各方面条件的制约，研究中必定存在一些缺陷，为了尊重客观事实和研究的客观性，笔者将可能出现的方法缺陷列出以供日后进一步改进。

---

① http://www.mondofacto.com/facts/dictionary? social+adaptation,2018-04-03。

　　第三章，中国女留学生社会适应状况。分别从学业适应状况、生活适应状况和心理适应状况三个角度分析了中国女留学生在 D 大学的社会适应状况。在分析学业适应状况时，笔者选取学习适应网络的主要结点、学习适应方式和学习适应不能的措施三种研究角度，分析中国女留学生在 D 大学学习适应的程度和状况。在分析生活适应状况时，笔者选取语言适应、身份适应、社会参与和休闲安排作为研究维度，分析中国女留学生在 D 大学的生活适应程度和状况。在分析心理适应状况时，笔者通过分析所得访谈资料，总结出中国女留学生在 D 大学的心理适应状况和心理适应特点。

　　第四章，中国女留学生社会支持状况。详细分析了中国女留学生在 D 大学社会适应过程中获得的社会支持的来源、形式、内容和效果。本章为配合前面的社会适应研究体系，将中国女留学生在 D 大学社会支持分为学习适应中的社会支持、生活适应中的社会支持和心理适应中的社会支持。学习适应中的社会支持一部分来源于正式组织和个人，另一部分来源于非正式组织和个人，此外还有留学生自己的自我支持。学业社会支持的获得效果依据学生的不同性格、不同专业和赴美留学时间的长短会出现不同。在生活适应支持方面，语言适应的支持来源广泛，效果较好；身份认同的支持来源单调，根据留学生居住环境的不同、个人社会交际网的不同，效果各异。在休闲社会支持方面，当地中国人团体、学校组织、教会组织和其他非正式组织给予的支持较多，效果较好。在心理适应的社会支持方面，当学生们出现精神不适应时往往通过消费缓解这一状况或者通过各种形式的倾诉以及参加宗教活动、校内留学生专有活动来转移注意力，改善个人精神状况。

　　第五章，留学生活适应策略。在提高学习适应程度方面，笔者建议从提高语言运用能力、储备良好的专业知识和改善学习习惯方面入手。在提高生活适应程度方面，笔者就如何适应语言、如何适应身份和如何适应社会参与和学校参与提出了自己的建议。在提高心理适应程度方面，笔者建议留学生对自己要有客观的评价，并且要能够宽容自己，在有需求时诚恳寻求帮助并亲善示人。

第六章，结论与讨论。本章笔者提出了自己研究的结论并点出研究中有待于进一步讨论的问题，以及今后如何对该问题进行更深入研究的具体设想。

目　　录

第一章　相关研究文献综述

第一节　社会适应研究综述

一、国内社会适应研究综述

从生物学角度讲，"适应"是一个最基本的概念，它是指所有活着的有机体都要随着外界环境的变化而改变自身的活动，最终实现自己和周围环境的协调与一致，达到一种平衡状态。对于人类而言，适应是一个与人的需要、满足紧密联系的心理过程，是个体通过不断调整自己的身心，从而在现实生活环境中保持一种良好的生存状态的过程。从生理学角度讲，"适应"分为两种类型：一是长期性适应过程，即个体为了生存和发展，在生理机能、心理结构上出现变化，以适应生存环境的过程；二是即时性适应过程，即有机体感官随着所接受刺激的持续延长，感受水平发生变化的现象，如感官适应。心理学中多用适应来表示个体在生存环境发生变化时，个体调整自己的身心状态并顺应这种改变的过程。心理学范畴中使用"适应"概念时通常有三个角度：一是生物学意义上的适应，即生理适应，如感官对声、光、味等刺激物的适应；二是心理上的适应，通常是指遭受挫折后借助心理防御机制来使人减轻压力、恢复平衡的自我调节过程；三是对社会生活环境的适应，包括为了生存而使自己的行为符合社会要求的适应和努力改变环境的适应。

国际社会学界从适应的角度将社会适应看作是组织或社会团体与对其有利的环境之间相适应以促进其成长和发展，或者是该组织或社会团体如何进入、习惯以及适应更改有利环境的过程。此处所讲的环境既包括物质环境也包括非物质环境，这种适应既有精神上的也有经济上的适应。适应过程本身既可能是主动的也可能是被动的。被动的生理适应包括生理上的提升与变化，例如在某种特定语言、法律、教育等社会机制的压力下，行为者被动地提升和改变自己。积极主动的物质适应指有目的地调整该组织或社会团体以适应其所处环境或者是自身通过转换选择自己更加喜欢也更适合自身生存的环境。积极主动的精神适应指个体有目的地调整自身以适应其所处精神世界的价值观和信仰，等等。这种过程可以在老师或者社会改革者的引导和帮助支持中进行（Bristol，1915：8-9）。

目前国内有关不同群体社会适应的研究主要有以下几类，即女性社会适应研究、青少年社会适应研究、大学生社会适应研究、移民社会适应研究，等等。各类研究之间也非绝对的隔离，有些研究将几个群体相互叠加、相互交错。①

（一）女性社会适应研究

关于不同性别的社会适应研究，传统观点认为：男性化的男性和女性化的女性更容易适应环境，桑德拉·贝姆（Sandra Bem）认为"双性化"的个体心理社会适应水平较高，其依据是：这样更加容易适应不同社会环境的要求，灵活性刻板行为更少，社交行为更加得体（Bem，1974）。研究进一步发现：①女性化的心身症最少，而且自我和谐水平最高；②双性化的心身症最多，而且自我和谐水平最低；③男性化的与双性化的一致；④未分化的自我和谐水平与女性化的一致，心身症水平与男性化的和双性化的一致。

王登峰根据桑德拉·贝姆的研究得出了不同的结论，他认为，女性化与女性化的行为一直和自我与经验的不和谐呈显著的正相关，即"男性化和女性化越明显，个体越容易对自己的行为进行抑制，而且越容易

---

①　根据笔者对1990年之后中国知网中各种关于社会适应的论文进行研究总结后发现，主要研究主体集中于青少年、女性、移民这三类。

体会到内心的不和谐"（王登峰、崔红，2007：8）。双性化的个体的社会适应水平是最低的。如果桑德拉·贝姆关于双性化的假设注重的是个体在各种场合的表现均可以与环境要求一致（即无论男性、女性都可以根据环境要求表现出与环境要求一致的男性化或女性化行为），是双性化的外显行为的话，那么桑德拉·贝姆并没有看到双性化的另一面，即这样的个体在内心会体验到更多的不和谐，在行为上会有更多的抑制性（王登峰、崔红，2007：8）。

国内一些学者将性别社会适应问题的研究更加细化，具体到关于特定区域女性社会适应的研究，主要以婚姻移民为关注点，研究女性婚姻移民的社会适应情况和社会支持（王登峰、崔红，2004；赵丽丽，2008；周佳懿，2009；赵丽丽，2008；谭琳，2003；赵丽丽，2007）。

这类文章从城市女性婚姻移民的经济适应、生活适应和心理适应三个层次对城市女性婚姻移民的社会适应内容进行了描述，并且提出了城市女性婚姻移民的社会适应模式。在经济适应方面，大致有以下几种适应模式：第一，积极主动地学习，提高自身能力；第二，改变自我，尝试新的职业；第三，依靠原有的资源，自我创业；第四，善于抓住机会，改善生活。以上的经济适应模式对于一部分女性来说是主动实现的，这些主动调适自己以适应新环境的女性婚姻移民属于那些对生活有明确规划的人，另一部分女性则是出于无奈，为环境所迫而进行的被动适应。

在生活适应方面，研究者选择是否会说当地方言，社区参与，对邻里关系、当地风俗习惯以及与当地人的交往的主观感受等几个方面作为测量女性婚姻移民生活适应的指标测量外地媳妇的社会适应状况。通过分析，研究者认为女性婚姻移民的生活适应总体上来说还处于一个初步转化的阶段，大致有以下特点，第一，差异性。女性婚姻移民因其婚前户籍、层级地位、进入城市的方式不同表现出适应程度上的差异性。第二，被动的社区参与。居民的社区参与意愿与实际参与水平受到个人社会经济地位的显著影响，社会经济地位越高，居民的社区参与意愿与实际参与水平反而越低（桂勇、黄荣贵，2006）。第三，邻里关系淡漠，人际交往具有工具理性的倾向。邻里之间的互动与联系，既是互惠和信任的载体，也是城市社区共同体赖以存在的基础。通过婚姻移民的女性若想深度适应社会，必须将城市的生活方式、价值观念和文化内化于心；若想在心理上获得满足，与城市居民尤其是与邻居的交往是女性婚姻移民适应的主要途径。

在心理适应方面，随着生活环境的改变，女性婚姻移民的精神状况也发生了变化。通过分析，有研究者发现，上海女性婚姻移民的心理适应呈现出矛盾的特点。表现在她们虽然自身的身份认同较低，但是精神状况却比较好，女性婚姻移民的心理适应大多是从结婚前开始的，限于生活和经济方面的适应。造成这种情况的原因与女性婚姻移民在结婚之后的户籍状况、结婚之前的移入地打工经历以及在各种生活经历之下形成的婚姻观有关。

通过分析女性婚姻移民的社会适应，研究者总结了影响女性婚姻移民社会适应的微观、中观和宏观因素。

微观因素主要指女性婚姻移民自身的一些资源，如女性婚姻移民受教育程度、家庭地位等；中观层面的因素主要指女性婚姻移民的社会支持和社会支持网络；宏观的因素则是指制度方面的因素（赵丽丽，2008：135）。通过与参照群体的对比可知：女性家庭地位、受教育程度是影响女性婚姻移民社会适应的微观影响因素，受教育程度越高，女性婚姻移民会对未来生活具有较实际的心理期望值，理想与现实的落差不会很大，自然社会适应状况会比较好。不切合实际地参照群体的选择使女性婚姻移民的相对剥夺感增加，社会适应程度降低。若女性家庭地位较高，具有收入管理权、收入支配权、消费决策权、生育决定权、对子女前途发言权以及自我意愿决定权等（程刚，1994），那么她们的社会适应程度就较高。正式的社会支持是帮助女性改善生活状况、提高社会适应能力的保护网，若女性婚姻移民能够进入其中，那么社会适应能力则强，反之则弱。非正式的社会支持仅仅是片面和局限性的暂时帮助，对社会适应能力的影响力不强。户籍制度是影响女性婚姻移民适应最直接的社会制度，甚至可以说现行的户籍制度是女性婚姻移民融入城市社会的制度性屏障，强烈影响了女性婚姻移民的身份认同和心理适应。

（二）青少年社会适应研究

有研究者认为社会适应行为是指个体为了适应外在社会环境、文化的要求和内在身心发展的需要而必须在生活、学习和交往等实际活动中学会选择和回避的行为，它也是个体独立处理日常生活和承担社会责任，达到其年龄和所处社会文化条件所期望程度的能力水平的反映。社会适应行为的实质是社会智力的表现。研究者将社会适应行为分为良性社会适应行为和不良社会适应行为。

针对青少年社会适应的研究以心理学和教育学为主。对青少年社会适应的研究，很多研究者将着眼点放在了适应行为的观察上。研究方法上多使用定量研究，通过编制各种量表，测量青少年的社会适应程度；研究内容上将青少年的社会适应分解为社会适应、学习适应、适应不良行为三个部分，总结出青少年社会适应的特点，归纳出各种影响青少年社会适应的因素，同时，提出一些提高青少年社会适应的建议，研究取向更加实际。①

通过对青少年社会适应行为的结构、发展特点、测评工具、影响因素的考察，再加上对青少年人格、自我意识发展的特点及它们与社会适应行为的关系的探讨（聂衍刚，2005），研究者发现不同年龄的青少年社会适应行为不同，随着年龄的增长，社会适应出现更差的趋势。不同性别的青年学生在正常的适应行为上差异明显，男生的正常社会适应行为好于女生，但是在一些适应不良行为方面，他们的社会适应差异不多。在学习适应行为上，初中女生的适应行为好于男生（聂衍刚、林崇德、彭以松、丁莉、甘秀英，2008；聂衍刚、丁莉，2009；聂衍刚、郑雪、万华、丁莉，2006；尚亚飞、聂衍刚，2009）。

① 笔者以"青少年社会适应"作为关键字，对1990年之后中国知网数据库中所有期刊以及博士、硕士论文进行检索，将所得论文内容进行分类，比较各篇文章的研究内容、研究方法和研究结论，总结出上述研究结果。

1. 青少年社会适应的特点

聂衍刚等人从心理学角度做了研究并得出了如下结论："总体而言，在普通中学就读的青少年，总体上社会适应行为发展较好，但是发展情况也不太理想，良好社会适应行为商数(Adaptive Behavior Quality，ABQ)和不良社会适应行为商数(Maladaptive Behavior Quality，MABQ)各分数段的人数分布，都与理论分布存在显著的差异，其社会适应良好、优秀的比例低于理论分布，而实际中下和低下的比例高于理论分布。在青少年良好社会适应行为的总分上，年级与性别、年级与城乡来源和城乡来源与性别三组交互作用都显著；在不良适应行为的总分上，年级与性别、年级与城乡来源两组交互作用都显著。青少年在良好适应行为上年级差异显著，表现为初一学生的社会适应水平最高，而高一学生的社会适应行为水平最低。在不良适应行为上年级差异显著，表现为初一学生的不良适应行为最少。青少年社会适应行为的性别差异总体上不显著，但在具体维度上，男生自我定向、社会生活、学习适应和社交适应都显著高于女生，而在社会认知与性维度上则相反。城市户口的青少年良好社会适应行为总分显著高于在城市中学就读的农村户口学生，在不良社会适应行为方面则相反。"由此可细化出青少年社会适应的特点。

(1)社会适应特点

在正常社会适应行为方面，不同年龄、年级的青少年之间存在显著差异，其表现稍有下降趋势，尤其是在社交活动和学习适应方面，下降趋势较大。总体上看，初中生比高中生的社会适应性要好(聂衍刚，2005：112)。

(2)学习适应特点

在中学生学习适应性水平上，男女之间存在比较明显的差异，女生在学习动机、学习方法、学校环境、家庭环境以及学习期望上优于男生并达到显著性水平。学生的学习适应性随年级的增长而逐渐下降，高中生的检出率高于初中生。高中生的检出人数在学习期望、学校环境、意志力分测验几个指标测量中分值显著高于初中生。学校的教学水平和业内排名对学生的学习适应也有影响。二本学校的学生的学习适应能力最强。中学生学习适应性的校际比较表明，二本学校的学生在各测验中的得分高于一本学校和三本学校的学生，而且检出率低于一本学校和三本学校的学生。一本学校的学生在学校环境测验中的得分显著高于二本学校和三本学校的学生。

（3）适应不良行为

在适应不良行为的表现上，不同年龄、年级之间差异显著，随着年龄的增长，不良行为有增加的趋势，神经症行为表现最为突出，高中生比初中生的适应不良行为更多（聂衍刚，2005：113）。学生中存在问题最多的是学习问题和内向性问题（即情绪和性格），青春期问题和特殊类问题（如追星、攀比、迷恋游戏机等）也不容忽视。具体来说，排在前六位的依次是：自我中心、与他人协调、考试焦虑、自卑感、神经质、学习方法。

2. 青少年社会适应的影响因素

总体而言，家庭因素、学校因素和生活经历因素是影响青少年社会适应行为的因素。其中家庭因素与青少年个体的社会适应行为关系密切。在城市生活的学生的良性社会适应行为表现得更好，不良社会适应行为更少。在良性社会适应行为上，一本学校、二本学校、三本学校这三种类型的学校的学生之间社会适应行为差异较小，但是在不良社会适应行为上则存在着显著的差异。个人的社会经历和良好的社会适应行为关系密切。有各种大型活动表演或比赛经验，有各种社会活动经历的学生的良性社会适应行为能力较强，但是对于适应不良行为，这样的经历并没有什么好的作用。

对于青少年不良社会适应的影响因素，有研究人员认为，一部分父母对孩子教育无方，生活上过度溺爱，在学习上又要求过严，造成孩子一方面依赖性强，过于自我，缺乏责任心；另一方面出现焦虑、抑郁。学校则片面追求升学率，忽视对学生的心理健康教育。社会上的不良书刊、音像制品和"三厅"对中学生的毒害更不容忽视。①

---

① 《调查发现：适应不良行为严重影响中学生健康成长》，http://www.cctv.com/news/society/20001228/58.html，2018-04-12。

　　有研究人员将影响青少年社会适应的因素分为危险性因素和保护性因素两个方面，都从心理学的角度对一些影响社会适应的因素进行了分析。危险性因素最初是从流行病学研究中引入的，是指那些增加人们不期望的消极结果等可能性的相关变量。一种危险性因素是指个体或环境的一种特征或特点，这种特征或特点与一种消极结果可能性的增加有关。目前公认的危险性因素的定义是指那些已经证明了的或者假设的能直接增加不良适应结果可能性的变量。国内外学者们对抑郁（Pelkonen & Mllrttullen & Aro，2003：41-50；Kutcher & Kmumakar & LeBlane，2004：177-185）、行为问题、问题行为（Smokowski & Mann & Reynolds，2004：63-91；Dwyer & Nicholson & Huesmann，2005：263-288；Trinidada & Ungerb & Choub，2004：945-954；Alloy & Abramson & Urolevie，2005：1043-1075；Black & Heyman，2001：121-188；Buehaxm & Flouri 2001：899-914；Storvoll & Wichstrom，2002：183-202；Stitlla & Smitha & Penna，2004：65-98；Gartsteina & Fagot，2003：143-177）等诸多问题的危险性因素和保护性因素进行了研究。研究结果表明危险性因素包括气质与人格（例如神经质）、提前进入青春期、冲动性、低智商和低教育成绩、父母不佳教养方式、父母低水平的监督、低父母依恋、虐待孩子、父母之间的冲突、破裂的家庭、反社会性父母、人口多的大家庭、社会经济因素、同伴影响、学校与社区影响，等等。对于保护性因素认识，研究者之间还未达成共识，有人认为，保护性因素是在危险情景中能缓冲、调节危险性因素从而使个体在危险情景中产生一些适应性的结果（李冬梅、雷雳、邹泓，2007：150-160）。但是大多数的学者在研究中均将保护性因素定义为危险性因素的另一端，即积极的一端。后续随着研究的深入和认识的增加，关于保护性因素的研究范围有扩展，学者们提出，保护性因素不仅仅局限于危险情景，不论在危险情景还是在正常情境中，保护性因素都会对个体产生积极的影响（Compas，2004：264）。总体而言，保护性因素也包括两大类：个体方面的因素，如自尊、自我效能、责任感、成就动机、计划能力、积极归因、内控、高期望、自律、批判思维、热情、乐观、好脾气、敏捷、积极行动、高智商、问题解决能力、人际沟通能力等；环境方面的因素，如在家庭方面有温暖的家庭氛围、良好的亲子关系和夫妻关系、一致的行为规范、对孩子提供关爱和支持等，而在家庭外部方面包括亲密的同伴友谊、成人导师式的指导、良好的角色榜样、安全的学校氛围、和谐的社会环境以及宗教信仰等（于肖楠、张建，2005：658-665；Piko & Fitzpatrick，2004：1095-1107）。

3. 提高青少年社会适应能力的建议

研究者提出了对青少年社会适应行为进行研究的构想，同时提出青少年社会适应行为的整合模型理论的假说。在他们看来，青少年社会适应行为的整合模型包括四个子系统：社会适应行为的任务系统（结构）、社会适应行为的机制系统（影响因素）、社会适应行为的方式系统（特征）、社会适应行为的功能系统（作用）。这四个系统相互依存、相互制约、相互促进。青少年社会适应行为的结构，从其性质可以分为适应良好行为（指个体必须学会的行为、必须选择的行为）与适应不良行为（指个体必须回避的行为）；从其适应任务的来源可以分为内在适应与外在适应；从其适应水平，可以分为好、中、差三个层级。青少年社会适应行为的活动机制和影响因素主要包括社会因素、人格因素、自我意识和智力活动系统，它们相互依存，并发挥各自独特的作用。青少年社会适应行为特征是通过适应社会的方式表现出来的，一般可以分为主动适应与被动适应、独立性与依赖性、理智性与情绪性、适应型与不良型等方面。青少年社会适应行为的功能就是指它对个体的成长和发展的作用。

基于以上分析，就外界而言，为了纠正青少年不良社会适应行为，应建立学校、家庭、社会相结合的心理健康教育网络。学校在减轻学业负担的基础上，可开设心理健康教育课或开办讲座，建立心理咨询室，家长也要学习有关知识，共同为孩子创造一种轻松的成长环境。① 就青少年自身而言，如何提高自身社会适应能力，应加强对现实知觉能力的

① 《调查发现：适应不良行为严重影响中学生健康成长》，http://www.cctv.com/news/society/20001228/58.html，2018-04-12。

培养，对人对事，要在排除自己动机、喜好、情绪、情感等影响的基础上做出客观的评价和认识。看待事情应全面客观，需要有一定的社会敏感性，在明白事情真相原委的基础上，采取相应的应对措施，并且能够根据相关情况的变化调整自己的应对措施。培养自我认知能力，克服盲目自大或妄自菲薄；培养独立生活的能力，提高处理问题的能力和承受挫折的能力；培养沟通能力，要能准确理解沟通内容，反馈沟通对象的特点，有针对性地根据沟通对象和沟通内容进行调整和选取；培养自我学习能力、工作能力，不单纯依靠周围老师、家长的关怀和帮助，自己能够把握自己的学习方向并且能够承担相应的工作、劳动（时勘、仲理峰，2001：29-31）。

（三）大学生社会适应研究

关于大学生社会适应的研究主要集中于几个不同的领域，如大学生社会适应能力的测量与调查、女大学生社会适应的专项研究、体育教学对大学生社会适应的影响研究，等等（陶沙，2003：909-909；于肖楠、张建，2005：78；壬蕾，2005：130-134；赵雪，2007）。

1. 大学生社会适应能力的测量与调查

关于大学生社会适应的测量与调查，研究者根据大学生群体的特征，将大学生社会适应分为五个维度，即学习适应、人际适应、环境适应、心理适应和未来适应。学习适应指大学生对与高中阶段不同的大学学习方式、学习内容等的适应；人际适应指大学生在人际相处、人际交往等内容中的适应；环境适应指大学生对大学校园的物理、文化环境和需要相对自立的这种大环境的适应；心理适应指大学生在心理上对大学校园学习、生活的适应；未来适应指大学生对社会要求和就业准备上的适应（方从慧，2008：13）。经过调查发现，大一学生学习适应水平高于大三学生；统招学生与自考、成教学生在未来适应和心理适应维度上存在显著差异；文科、工科学生的学习适应显著高于理科学生，文科学生的未来适应显著高于理科、工科学生；男生较女生更能吃苦耐劳，性格更为坚强，对环境的接受能力和容忍能力也比女生高，男大学生环境适应水平高于女大学生；与农村生源的大学生相比，城镇生源的大学生在学习生活的各个方面均需要与陌生人交往，从小与家庭之外的社会群体接触较多，与农村生源的大学生的简单生活相比，复杂性和多样性的生活锻炼了其社会适应能力，同时，由于大多数大学处于城镇，城镇学生本身对环境有天然的熟悉感，故而城镇生源的大学生的社会适应性高于农村生源的大学生，城镇大学生与农村大学生在人际适应维度上差异显著。由于媒体对独生子女社会现象的关注，家庭、学校、社会和独生子女本身都对自身有可能出现的社会不适应问题进行了预防和调适，所以，独生子女大学生的社会适应情况普遍好于非独生子女，而且在环境适应和人际适应状况上表现尤其突出；学生干部比非干部同学有更多的实践、锻炼机会，未来适应状况好于非干部同学。

2. 女大学生社会适应的专项研究

国内专门关于女大学生社会适应的研究较少，既有的研究主要是从体育教学角度谈起，另外还有一些关注女大学生社会适应某个方面的研究，如对女大学生就业问题的研究。

从事体育教学和体育研究的人员发现体育教学对培养女大学生的社会适应能力具有重要的意义。体育教学本身能够培养女大学生的自信心，能够加强女大学生形体方面的训练，提高女大学生的形体美、姿态美以及气质美。体育教学本身的强身健体功能和塑形功能，可以满足女大学生对外表要求较高的心理特点。体育教学中的团队合作精神要求女大学生在运动中增强交际能力和合作精神，能够让参与其中的女性克服性格中的自我保护意识和消除人际交往中的防备心理。体育活动本身的灵活性和多样性能够培养女大学生的创新意识和创造精神，使女性有机会通过增强自身的创造能力来弥补较男性而言创新能力不足的缺陷。

就业是女大学生社会适应研究中一个特殊的研究方向。虽然就业困难目前是所有大学生群体均面临的问题，但是由于女性本身的特征，更加引起社会和学界的关注。该领域的研究方向涉及女大学生就业的具体困境，社会的政治、经济和文化根源，如何通过社会努力和女大学生的自身提高来解决就业困难以及如何用不同观点来看待女大学生就业问题和社会适应问题，等等。

3. 体育教学对大学生社会适应的影响研究

提高大学生社会适应能力是教育部颁布的《全国普通高等学校体育课程教学指导纲要》中规定的体育教学目标之一，也是过去体育教学中忽视的领域，故而，近年来关于体育对大学生社会适应的研究逐渐增多，特别是 2003 年以后，类似研究的数量陡然上升。关于体育与大学生社会适应的研究主要集中在以下几个方面：

第一，分析体育特别是学校体育文化对于促进大学生社会适应能力的影响。

校园体育文化是多层次、立体化的校园文化的重要组成部分，涵盖了体育物质文化、体育制度文化和体育精神文化三个层面的内容（刘铮、腾炜莹，2001：43）。

首先，在竞争型社会中，现代体育文化中的平等、公平竞争的理念，要求每个参与其中的大学生充分发挥自己的能力，在遵守规则的前提下努力奋进，同时对于一些集体性体育项目而言，体育文化中的团结、合作、团队精神，更加有利于培养大学生的竞争意识和良好的合作精神（刘建中，2008：87）。其次，校园体育作为大学校园当中除文化课学习之外的一项重要社会活动，参与其中的学生会有更多的机会接触不同专业、不同性格特征的人，在体育运动中，不论主动还是被动，均需要与更多的陌生人打交道，彼此之间进行分工、合作或者是对抗。在这个过程中，参与者需要扮演不同的角色，很多时候需要进行协调、合作和对抗，这有助于大学生熟悉各种社会角色的扮演，能够作为今后全面步入社会的前期准备。再次，体育文化本身作为社会文化当中的一种，给予大学生更新的一种文化影响力，体育文化本身潜移默化的影响也会健全大学生的社会观察视角，丰富其社会认识领域。

第二，分析如何通过发展学校体育来增强大学生社会适应能力。

鉴于体育特别是学校体育对于大学生社会适应能力增强的积极意义，体育教育开始探讨如何发展学校体育以增强大学生的社会适应能力，总结目前既存的研究，主要有如下建议，第一，崇尚公平竞争的体育精神。公平竞争是现代社会倡导的精神，体育竞技中最能够体现公平竞争，学校体育于教学中应强化竞争的力度，让参与其中的学生有明确的胜负认识，不像其他一些校园竞争，仅仅注重过程而最终并不太注重结果。体育竞争应该将结果的差别性用明确的方式告诉学生，让学生认识到，即使是朋友、同学之间也存在着正常的竞争，竞争结果会随着个人表现的不同以及对手的强弱有所不同，正常规则之下的失败并不是耻辱，相反是对个人的一种尊重和对能力的一种正视。用平常心接受失败，客观接受各种规则，平等进入竞争，凭借自身能力获得结果，这些都是适应社会的良好的前期准备。

第二，培养学生的合作意识，团队体育要求参与者之间有密切的配合，有一种帮助他人实现自己价值的要求。学生在参与团体体育的过程中必须具备合作意识，否则就会被排斥出运动本身，参与学生自觉与不自觉地与参与者合作，提高了个人的社会适应能力。

第三，分析各种体育参与度的影响因子对大学生社会适应能力的影响作用。肖丽琴于2006年4月至7月之间对浙江省内的中国计量学院、浙江教育学院、杭州电子科技大学、温州大学、舟山海洋学院等14所高校2000名普通大学生的社会适应与体育运动的关系进行了调查。在将社会适应能力归为独立生活能力、学习能力、人际交往能力、承受挫折能力、社会实践能力、行为约束能力、合作能力、心理承受能力8个维度的基础上，测量了体育运动影响社会适应能力的因子构成、各因子的贡献程度和影响力度、不同类别学生社会适应能力的各因子之间的关系。得出以下主要结论，一是不同性别和城乡学生体育参与度对社会适应能力的因子划分维度不尽相同。二是不同类别的大学生体育参与度对社会适应能力的各因子均有不同程度的影响，与某些因子的影响力度呈显著性相关，男生的"独立生活能力"是最重要的预测变量，有显著性差异（$P < 0.01$），其次是"人际交往能力""学习能力"等；女生的"学习能力"是最重要的预测变量，有显著性差异（$P < 0.01$），其次是农村女生的"行为约束能力""独立生活能力""人际交往能力"和城市女生的"人际交往能力""行为约束能力""社会实践能力"。三是男女学生和城

乡学生在社会适应能力方面的各因子不显著相关（肖丽琴，2007：79-85；肖丽琴，2003）。

（四）移民社会适应研究①

国内关于移民社会适应的研究主要集中于被动迁移者，对三峡移民的研究是其中重要的组成部分。通过整理关于移民社会适应的研究文献可以看出，目前国内三峡移民研究的主题主要集中在对移民迁移的动力、迁移的模式、移民安置政策、移民心理、移民社会适应性、移民社区整合、移民社会发展等方面（风笑天，2004：19），另外也有关于移民社会适应整体方面的定性和定量研究。

在对移民迁移中的主观能动性的研究中发现，移民的社会适应过程中主观能动性上存在着社会适应环境方面、社会适应行为方面和社会适应起因方面的几对矛盾。矛盾之一是对环境的认知和情感方面的矛盾。移民一方面承认迁徙之后的环境特别是住房环境较迁徙之前有了很大的

---

①　相关研究可以参见以下论文，正文中不一一引述。杜健梅、风笑天：《人际关系适应性：三峡农村移民的研究》，载《社会》2000 年第 8 期；贾征、张乾元：《水利移民的社会学分析》，载《社会学研究》1993 年第 1 期。雷洪、孙龙：《三峡农村移民生产劳动的适应性》，载《人口研究》2000 年第 6 期；李鹤鸣：《三峡库区移民社会生态类型初探》，载《社会学研究》1994 年第 3 期；李华、蒋华林：《论三峡工程移民的社会融合与社会稳定》，载《重庆大学学报（社会科学版）》2002 年第 2 期；刘震、雷洪：《三峡移民在社会适应性中的社会心态》，载《人口研究》1999 年第 2 期；罗凌云、风笑天：《三峡农村移民经济生产的适应性》，载《调研世界》2001 年第 4 期；马尚云：《三峡工程库区百万移民的现状与未来》，载《社会学研究》1996 年第 4 期；［美］迈克尔·M. 塞尼：《移民与发展》，河海大学出版社，1996；苗艳梅、雷洪：《对三峡移民社区环境适应性状况的考察》，载《华中科技大学学报》2001 年第 1 期；汪雁、风笑天、朱玲怡：《三峡外迁移民的社区归属感研究》，载《上海社会科学院学术季刊》2001 年第 2 期；习涓、风笑天：《三峡移民对新生活环境的适应性分析》，载《统计与决策》2001 年第 2 期；张青松：《三峡移民的社会支持网》，载《社会》2000 年第 1 期；赵宜胜：《三峡工程移民问题对社会学的呼唤》，载《社会学研究》1993 年第 2 期；郑丹丹、雷洪：《三峡移民社会适应性中的主观能动性》，载《华中科技大学学报》2002 年第 3 期。

改善，但是同时又怀念迁徙之前的环境，特别是迁徙之前环境中的种种优势。矛盾之二是对环境的依赖与情感上的不接受之间的矛盾。虽然大多数移民表现出强烈的对迁入地自然环境特别是社会环境的依赖但是同时又表现出对既存环境的排斥。矛盾之三是对环境的情感与行为倾向。虽然在情感上移民不喜欢迁入地的新环境，但是事实上对迁入地新环境的习惯程度高于其主观对于新环境的评价。矛盾之四是适应行为的认知和适应行为本身的倾向之间的偏差的矛盾，纵然在新环境中移民均认识到现实的困难，但是却又懒于采取行动，出现"等、靠、要"的情形。矛盾之五是适应的目标需要与手段认知上的矛盾。移民们虽然期望能够在短时间内尽快致富，但却缺乏实现的能力和方法。矛盾之六是"发展"认知的理性与行为的非理性之间的矛盾。虽然都知道应该先有经济投入才会有经济回报，但是大多数移民又不愿意将钱用于投资，而是将现有积蓄都用于消费。矛盾之七是对政府行为和国家政策的认知方面存在矛盾，即泛泛地知道国家政策是好的，政府行为是善的，但是却又感觉自身并未受益。矛盾之八是对自身迁移的价值认识的矛盾。既有社会责任上的荣誉感又有现实中的失落感。矛盾之九是对自身迁移利益的认知与期望之间的矛盾，既认为国家利益高于一切但是又期望个人损失能够得到补偿（郑丹丹、雷洪，2002：52-54）。如何引导移民化解上述主观矛盾，需要提供相应的社会支持，研究者建议相关的社会支持主要由政府提供。如恰当宣传政府相关的三峡移民政策，对移民的迁徙观进行引导，具体落实迁徙政策，舒缓和解决移民迁徙安置过程中的疑问和困惑，各类经济补偿的实施要保证按时按量。这种社会支持主要是向上寻找，制度因素对其具有决定作用。在移民安置和移民适应过程中，除了主观因素之外，客观上也具有很多障碍。如经济损失补偿不及时、补偿不利；新环境中原居民对新移民的排斥和本能的防备；新移民对迁入地自然环境的陌生感和不适应感。

上述几类社会适应的研究都表现出明显的对特殊群体的关注。被关注群体并非都是弱势群体，只是由于其特殊的社会地位和生活经历，为社会适应提供了新的研究视角和研究对象，通过对其特殊性的研究，可以扩充社会适应领域的理论或者验证有关社会适应理论。

二、国际社会适应研究综述

(一)移民社会适应研究

国际学界关于移民社会问题的研究主要着眼于主动迁徙者的研究，而且多以跨国界移民作为研究对象，形成了以拉里·萨斯塔（Larry A Sjaastad）、迈克尔·托达洛等为主要代表的新古典主义经济理论。该理论从经济学角度分析移民行动的动因，而且这种动因主要是收入的差距（Sjaastad，1962：80-93）。以奥迪·斯塔克（Oded Stark）、爱德华·泰勒（J. Edward Taylor）为代表的新经济移民理论认为引发移民的原因并不是移入地与移出地的绝对收入差距，而是基于移民群体在两地进行比较之后的收入差而产生的相对失落感（Oded，1991；Peter & Michael，1971）。以迈克尔·皮奥雷（Michael Piore）为代表的劳动力市场分割理论认为，发达国家的市场结构发展本身吸引了其他国家和地区的人进行迁移。在全球化理论发展之后，移民理论中出现了全球化的观点，研究者认为商品、资本、信息的国际流动，必然会推动国际人口迁移，因此，国际移民潮是市场经济全球化的直接结果。

关于国际移民的社会适应研究形成了两大流派，即"多元论"流派和"同化论"流派。1924年，美国学者霍勒斯·卡伦提出了移民社会适应研究的"多元文化论"。卡伦认为在美国社会中，该政府提供的民主框架为其他各个外来民族保持自己的文化提供了很好的社会制度基础，同样，各个不同族群的文化融入美国文化，对美国社会本身文化的发展也产生了积极意义，使其更加的多元丰富。多元文化论在承认各个种族和社会利益团体之间的差别性前提下，认为民主的社会制度为移民发展提供了平台，各个民族可以有充分的空间发展自己的文化，从而使各种不同来源的移民可以在移入地生存发展起来。多元文化论的观点为解决国内种族、民族问题提供了理论基础，同时也为移民在东道国的生活提供了理论上的指导。与多元论相反的移民研究理论是"同化论"。1782年，埃克托·圣约翰·克雷夫科尔（Hector St. John Crevecocur）提出了"熔炉论"，其是以美国社会为实证研究领域的同化模式的表述。该研究的出现是为了调和美国种族关系和规范源源不断的美国移民。埃克托·圣约翰·克雷夫科尔认为，美国社会由于各个民族、各个种族人群的不断涌入，形成了新的族群，即"美国人"。随着这种理论不断的发展延续，19世纪美国西部扩展更加促进了该理论的发展。20世纪鲁比·乔·里维斯·肯尼迪（Ruby Jo Reeves Kennedy）提出的"三重熔炉论"将宗教影响加入到美国移民问题的研究中，他提出天主教、新教和基督教三大宗教是三种融合各个种族移民的主要工具；乔治·斯图尔特（Georgc R. Smart）在此研究的基础上提出了"变形熔炉论"，认为各个民族的文化虽然随着移民的融入会带入到美国社会中来，但是随着美国社会的影响，各民族间的文化会不断的融合，最终形成一种兼容并蓄的美国文化。

同化论的学者们认为，移民在接受国一般要经历定居、适应和同化三个阶段才能够真正地适应接受国的生活。移民进入接受国时由于大多不懂或不能熟练掌握当地语言，缺乏进入主流社会的渠道，因此只能先在边缘地区设法落脚立足，以廉价出卖自己的劳动力求生。由于天然的与主流社会之间存在隔阂，移民起初主要靠群体内部的相互支持、相互帮助来克服困难，由此可能形成移民小社区。在定居、适应的过程中，有的移民可能较先获得成功而得以提升自己在移入国的社会地位，这往往会表现在：他们在居住地点上离开原先的移民社区而进入当地社会的中上层住宅区；在社会交往中力图进入主流社会的交往网络；在行为举止上以主流社会的上层人士为样板，最终褪尽自己的"异性"而被主流社会接纳为"自己人"。这些"先进者"作为同源移民族群的榜样，将为其同伴积极仿效。于是，越来越多的移民将接受主流社会的文化，认同主流族群，进而实现完全同化（李明欢，2000）。

多元论与同化论作为两种近乎针锋相对的研究观点，彼此之间的争论与排斥至今仍旧没有停止，就是在这种争论与排斥中，国外移民社会适应理论得到了发展。

（二）留学生跨文化社会适应研究

关于跨文化适应的研究主要是从心理学角度进行的，大部分研究者所认同的跨文化适应的分类方式是由 Ward 和他的同事们提出的观点，即跨文化适应可以划分为两个维度：心理适应（psychological adaptation）和社会文化适应（sociocultural adaptation）。心理适应是以情感反应为基础的，指在跨文化接触中的心理健康和生活满意度，在跨文化接触的过程中，如果没有或较少产生抑郁、焦虑、孤独、失望、想家等负面情绪，就算达到了心理适应。社会文化适应是指适应当地社会文化环境的能力，是否能与具有当地文化的人有效进行接触。大部分情况下，在研究跨文化适应的影响因素时，研究者所使用的因变量是心理适应（陈慧、车宏生，2003：705）。对中国留学生跨文化适应研究较早的成果可以参见陈向明的《旅居者和"外国人"——留美中国学生跨文化人际交往研究》，其通过对旅居美国的中国留学生的研究发现，由于不能跟当地人进行良好的交往，中国学生会产生很多负面情绪，如无助感、孤独感和负罪感等，中国学生不能与当地人进行良好的交往有很多原因，其中一个重要的原因是交往的模式、交往态度和交往习俗不同（陈向明，1998：173-179）。研究中国学生、学者如何在新文化中适应成为一个越来越重要的课题。目前既存的研究有：香港学生在加拿大（Zheng Berry，1991：451-470），中国学生、学者在新加坡（Tsang，2001：347-372），台湾学生在美国（Swagler & Ellis，2003：420-437；Ying & Liese，1990：825-845；Ying & Liese，1994：466-477；Ying，2005：59-71；Wang & Mallinckrodt，2006：422-433；Ying & Han，2006：623-625），中国学生、学者在德国（严文华，2007：1010-1012），等等。

关于社会适应的研究，作为社会化研究的一部分，分散于各个学科之中，社会学、人类学、心理学、政治学都对此问题有过相关研究，研究目标群体有青少年、女性、移民、留学生，等等。这些研究分析了不同群体社会适应的特殊性、社会适应的方式、社会适应的过程、社会适应的目的和促进社会适应的手段。社会适应研究不仅关注理论扩展，同时也注意对现实生活的实践指导意义。

在上述介绍的关于社会适应的研究中，对特殊群体社会适应的研究虽然也涉及过程性，但是体现得并不明确。很少有对特殊群体中的特定成员进行一段时间的跟踪研究。本书拟对该研究缺陷进行填补，将研究的关注点放在体现过程性上，集中对一部分研究对象进行一段时间的跟踪访谈研究，看这部分特殊群体的学校社会适应过程怎样，以及如何有针对性地对提高社会适应程度进行改进。

第二节　社会支持研究综述

社会学研究中的社会支持含义主要可以划分为三种。第一种含义是指一种社会互动关系。即个人拥有的与重要的他人(如家人、朋友、同僚)之间直接或间接联系中在出现危机时可发挥援助功能的社会关系，即社会互动关系。这一界定将社会支持看成是资源交换的互动过程，此处所讲到的资源不一定局限于物质的，还包括情感的资源和信息的资源。第二种含义是指他人表现出来的具有支持或援助意味的具体行为，即外在于被支持者的社会性活动，这种界定将社会支持看作外在于被支持者的一种行为，是从提供社会支持的一方的角度来看社会支持。第三种含义是指被支持者个人对自己与他人联系的认知，即个人主观感受到的来自他人的关怀、鼓励、表扬等。这种观念强调当事人对他人提供帮助的满足感。本书主要从上述社会支持中的第一种和第三种含义出发，强调社会支持的功能性作用。

从理论角度来讲，社会支持最早在 20 世纪 70 年代提出，出现在精神病学文献中。当时的学者们主要从两个方面来理解社会支持的基本含义：其一，从功能上讲，社会支持是个体从其所拥有的社会关系中获得的精神上和物质上的支持；其二，从操作上讲，社会支持是个体所拥有的社会关系的量化表征(胡湘明，1996)。之后，"社会支持"一词的内涵在各个学科之间甚至同一门学科的内部都并未达成共识。社会学家、社会精神病学家、流行病学家、心理学家等都从各自的理论视角出发，来阐释社会支持的内涵(周林刚、冯建华，2005：11)。早期的研究者往往将社会支持看作是宽泛、统一的关系整体，没有考虑到人与人的关系的性质，认为只要有关系存在，这种关系就一定能帮助个人应付日常生活中的困难。例如，伯克曼和塞姆（Berkman & Syme，1979）在加利福尼亚的追踪调查发现"那种缺乏社区关系的人较之与人有更紧密接触的人在以后的时期里更可能死亡"（贺赛平，2001）。之后，许多研究者发现社会支持并非一成不变的，不同性质的社会关系能够提供不同类型的社会支持。有些研究者运用定量分析方法对社会支持进行了区分。索茨（Thoits）将社会支持定义为"重要的他人如家庭成员、朋友、同事、亲属和邻居等为某个人所提供的帮助功能。这些功能典型地包括社会情感帮助、实际帮助和信息帮助"（马特·G. M. 范德普尔，1994）。考博将社会支持区分为情感性支持、网络支持、满足自尊的支持、物质性支持、工具性支持和抚育性支持。韦尔曼（Wellman）运用因子分析方法将社会支持分为感情支持、小宗服务、大宗服务、经济支持、陪伴支持 5 项（Wellman，1990：558-588）。库恩等人将社会支持区分为归属性支持、满足自尊的支持、物质性支持和赞成性支持 4 种。卡特纳（Cutrona）和罗素将社会支持区分为情感性支持、社会整合或网络支持、满足自尊的支持、物质性支持、信息支持（Cutrona，1990：3）。马特·G. M. 范德普尔曾于 1987 年运用问卷法对 902 名 20~70 岁的个人的社会支持状况进行了研究。他指出，除了情感支持和实际支持以外，社会支持还包括社会交往或社会活动的参与。巴勒内尔（Barreea）指出，广义的社会支持包括：物质帮助，如提供金钱、实物等有形帮助；行为支持，如分担劳动等；亲密的互动，如倾听，表示尊重、关怀、理解等；指导，如提供建议、信息或指导；反馈，对他人的行为、思想和感受给予反馈；正面的社会互动，即为了娱乐和放松而参与社会互动等 6 种形式。这 6 种形式有些是有形的，有些是无形的（Barrera，1981：435-447）。

从实务角度讲，社会支持是一种处理需要的过程，是储备着以便在特别的境遇中能适时地提供给需要帮助的人们（Vachon & Stylianos，1988：175）。社会支持实际上是一个人正式地或者非正式地与个人或者团体接触，来获得安慰、帮协和信息（Sauer & Coward，1985）。社会支持在从人际互动的角度定义时，含一种或者多种的交互作用，这些作用包括情感方面，例如喜欢、赞美、爱和尊重等的表示，是肯定的方面；例如独立个人在某些适当的行为、语言上，就同意或者感谢的表示；协助方面，例如直接的帮忙，给予财物、金钱、忠告、信息、时间、权利等（Antonucci & Jackson：1990）。

有学者指出，在分析社会支持实务要素的时候，通常应该包括5种资源，即，第一，自我意识的提升：在社会工作实务中，受帮助者对自身情况的自我认识通常较薄弱，因此，实施帮助者可以通过社会支持的互动环境，让他们认识到自己的独特性，并且容许个人发展自我和自我意识。第二，鼓励和肯定的反馈：通过别人的所说所想，受支持者可以不断地对自己进行评估和再认识。当受助者带着自卑、被忽略、无助、不被认可和疑惑来寻求帮助时，如果他们能够得到支持者的关心和照顾，他们也会比较客观地再次看待自己。同理，如果社会能够提供正向的社会支持系统，对他们进行肯定和积极的评价，那么，他们也就能够有信心来改变自己的困境。第三，减缓压力的保护：有研究证据显示，社会支持是一种保护机制。因为当社会弱势群体遇到失业、离婚、丧偶或者重大疾病、极度社会不适应时，若有强大的社会支持，那么，该弱势群体的社会适应能力就会较强，适应状况也会较好。而从事社会工作或者心理卫生的专业人员，就可以借助家人、朋友以及支持系统中的其他成员，建立支持网络，从而协助个人对抗压力、克服困难并且顺利地解决问题。第四，知识、技巧和资源：社会支持系统能够借助提供一些特殊的信息给特殊的有需要帮助的人，例如提供就业信息给失业者，以对其进行社会支持。自助团体也是社会支持系统当中重要且有用的组织，特别是它们能够提供知识、技巧和资源给团体成员，而这些都可以成为个人重建生活的重要工具。第五，增加社会互动与社会化的机会，社会支持应该提供给弱势群体一些帮助，使他们在处于孤立环境时也能够得到帮助（Maguire，1991）。

国内有关社会支持的研究，有代表性的观点主要有：从社会心理刺激与个体心理健康之间关系的角度来看，社会支持应该被界定为"一个人通过社会联系所获得的能减轻心理应激反应、缓解精神紧张状态、提高社会适应能力的影响"（李强，1998）。在笼统的含义上，我们可以把社会支持表述为一种社会形态对社会脆弱群体即社会生活有困难者所提供的无偿救助和服务"（郑杭生，1996）。也有学者认为，社会支持既涉及家庭内外的供养与维系，也涉及各种正式与非正式的支援与帮助。社会支持不仅仅是一种单向的关怀或帮助，它在多数情形下是一种社会交换（丘海雄，1998）。张文宏、阮丹青则认为，"从一般意义上说，社会支持指人们从社会中所得到的、来自他人的各种帮助"（张文宏、阮青，1993）。蔡禾等一些学者把社会支持称为"社会支援"，他们认为，"从广义上讲，社会支援指人们在社会中所得到的、来自他人的各种帮助"（蔡禾，1997）。还有学者从社会网络的角度看社会支持，他们认为从社会学意义上来说，"社会支持是一定社会网络运用一定的物质和精神手段对社会弱者进行无偿帮助的一种选择性社会行为"（建文，2010：131）。同样从社会网络的视角出发，有学者指出个人的社会支持网就是指个人能借以获得各种资源支持（如金钱、情感、友谊等）的社会网络。通过社会支持网络的帮助，人们解决日常生活中的问题和危机，并维持日常生活的正常运行（贺寨平，2010）。

一、女性移民社会支持研究

基于上述社会适应状况，研究者分析了社会支持的特点并且提出了具有针对性的社会支持形式。城市女性婚姻移民的社会支持网的规模较小，既小于城市居民的社会支持网络的规模，也小于农民的社会支持网络的规模。从网络关系的构成来看，女性婚姻移民社会支持网络的构成主要以强关系为主。在社会支持策略方面，女性婚姻移民主要采取以家庭支持和自我支持为主的社会支持策略。与以往对城市职业女性的相关研究结论相对比，女性婚姻移民缺少多元化的社会支持策略。家庭、亲属，特别是直系亲属，为女性婚姻移民提供了比较全面的支持，包括实际性支持和情感支持；由邻居、朋友和同事提供的社会交往的支持比较缺乏。在城市女性婚姻移民的社会支持体系的构成中，非正式的社会支持体系比较突出，正式的社会支持体系则明显不足（赵丽丽，2008：导言）。

影响女性婚姻移民社会支持和社会支持网络的因素主要有社会地位和婚姻及迁移。社会地位越高，摄取社会资源的机会就越多。由于女性婚姻移民的丈夫群体本身的特征和局限，他们婚后形成的自我支持和家庭支持的社会网络在规模和属性上都很难为他们经济水平的提升提供很好的支持，女性婚后所获得的社会支持网络的特点与其婚后所组建的家庭的社会地位有很大的关系。婚姻与迁移造成新型婚姻移民与婚前的社会联系减弱，婚姻家庭角色的转变，使她们无暇建立新的社会关系，故而社会网络规模不断缩小（赵丽丽，2008：130-134）。

二、青少年社会支持研究

青少年社会支持从来源可以分为正式社会系统的支持和非正式社会系统的来源。前者主要指通过政府与机构等单位获得的社会支持，后者主要指来源于个人社会网络，如从家人、亲友、邻居等获得的社会支持。学者通过社会支持的功能将社会支持分为工具性支持和情绪性支持两大类（Thoits，1982：145-159）。青少年的工具性支持主要是指青少年的生活中获得的实际帮助，比如支付学费、零用钱等具体的协助。研究发现，父母是青少年工具性支持的主要来源（张雯、郑日昌，2004：385-386）。同时，社会对于青少年的工具性支持还包括为其提供免费的培训（沈黎、汪光衍，2006：25-28）。对青少年的情绪性支持主要是指对青少年表示关怀、爱与了解等，使其情绪获得安慰和鼓励。关于情绪性支持与其他支持的作用，研究者认为对于青少年来说，情绪性支持比其他的支持方式更加能够发挥功效，不同的情绪支持与青少年的主观幸福感有显著的相关关系（丁宇、肖凌、郭文斌、黄敏儿，2005：17-18；张强，2004：403-404；郑雯、胡竹菁，2005：175-178）。

影响青少年社会支持的因素主要体现在青少年自身的性别、家庭结构、年级和身份对其社会支持的接受状况等(沈黎、汪光衍，2006：25-28)。相同的社会支持对不同性别的青少年所产生的社会支持效果不同，有的研究者在研究主观支持和支持利用度方面发现男性在主观支持的得分平均数上高于女性，但男性的支持利用度得分平均数却低于女性，女性的社会支持水平高于男性(李艺敏，2003：34-35)。但也有研究与此不同，如凌霄、陈欢欢通过对 190 名师范新生的研究发现，男性支持利用度有所提高，但女性的客观、主观和总体支持减少；男生的社会适应比女性好(凌霄、陈欢欢，2006：168-169)。身份因素会影响青少年获取社会支持的来源，在对青少年社会支持中的身份因素进行研究时往往以青少年是否担任学生干部或者是否从事社会，集体服务作为区分标准。学生干部的社会关系网络较其他青少年更多元，在支持别人的时候也为自己获取支持打下了基础，所以他们获得社会支持的来源多于缺乏类似经历的学生(李慧民、王宇明，2004：18-20)。良好的社会支持与青少年主观幸福感正相关，可以减缓青少年的生活压力和沮丧情绪(刘玉新，2005：92-99)，但是过多的社会支持会让青少年过分依赖他人，容易轻信他人，会降低青少年自我独立处理问题的能力(夏丽萍，2002：7-9)。

三、大学生社会支持研究

关于大学生社会支持的研究，主要在于对贫困大学生群体的关注。相关研究多从社会网络角度入手。研究者多通过问卷方法和个案访谈方式对贫困大学生获得社会支持的途径、支持效果和贫困大学生本人与各种社会支持之间的互动进行研究。有研究者在研究中将贫困大学生所获得的支持的不同形式归于七个方面：主要以各种助学贷款制度和奖学金制度为代表的政府支持；以社会组织、个人在学校设立资助奖学金为代表的社会支持；以学费减免政策、学校奖学金政策为代表的学校支持；以家乡各种力量支持为代表的家乡支持；以勤工助学为代表的自我支持；以家人为代表的家庭支持；其他一些朋友同学等人组成的小群体的支持。研究中发现，在贫困大学生的社会支持网络当中，往往是几种社会支持形式交叉进行的，情感支持方面，家庭、亲友、同学等小群体的支持为主要组成部分；经济支持方面，学校和社会各种奖学金、个人勤工助学是家庭和亲友支持之外的主要支持形式。除去学校支持和社会支持之外，贫困大学生所获得的大部分社会支持都具有互动性，需要大学生本人与支持群体之间进行交换。

四、移民社会支持研究

国内对于移民社会支持的研究还是多集中于对三峡移民的社会支持等方面。研究表明，对于大多数三峡移民来说，在移民适应新生活的前期，家庭给予彼此在精神和日常生活方面的支持，是其社会支持的第一种主要形式和来源。不仅如此，移民对于未来生活的期望也在很大程度上寄托于家庭成员。家庭的支持主要是对实际生活困难提供帮助，体现为一种工具性支持。在情感支持方面，家庭支持有天然的语言优势，情感沿袭，所以支持的获得最容易，而且支持面最广。基于地缘优势，老乡的支持是移民社会支持的第二种主要来源。当移民遇到物质上的困难和有经济帮助需求时，除了家人之外，通常就是向关系较好的老乡寻求帮助，若在情感上遇到困难需要帮助时，老乡也是除了家人之外最有力的社会支持提供者。语言、思维方式、生活习惯的一致性，使得移民之间的相互依赖更多。邻里之间由于互相交往的频率高，而且当地人对于本地的气候、土壤等各种生产条件较熟悉，所以邻里之间的支持多在于生产方面，情感方面和经济方面的支持较少；但是事实上邻里之间的支持确实是相当重要的，因为这是移民与迁入地进行接触和融合最直接的途径。政府在住房、经济上给予移民的支持既具有普遍性又具有局限性，但是总体上来说，政府支持是家庭支持、老乡支持和邻里支持之外的一种重要的补充，是一种更宏观的政策性的支持，以工具性支持为主要表现形式，为其他的社会支持定下了基调(匡碧波，2004：22-37)。

社会学关于社会支持的研究同心理学研究最大的不同之处在于虽然

心理学与社会学都以案例研究为主，但是社会学的研究方法多以定性研究为主，社会学学者通过田野作业于实地对研究对象进行调查，将研究对象的特征和支持方式进行场景式的描述，对研究对象所获得的支持形式、支持效果进行定性的描述和概括，研究过程本身阶段性强，研究结论针对性强，研究效果实际指导意义大但是因为缺乏数据表征而出现比较研究上的困难。心理学对于社会支持的研究同其对于社会适应的研究一样，多采用定量研究方式，研究对象具有准确的数量统计，研究测量有明确的指标标准，对获得支持之后的个体反应有量化测量维度，可以用数据对研究对象本身获得的支持种类、支持效果进行数据表述和比较研究，但是缺乏对于研究对象个体特质的表现。两种学科的研究风格不同，研究思路也各异，但是都对社会支持议题本身进行了扩展和充实。

第二章　研究设计和研究方法概述

第一节　研究方法的选择

对于在美国读书的中国留学生来说，留学生活既有相同的拼搏努力历程也有各自独特的生活方式和体验经历。留学生活本身是一个个性化很强的过程，若用定量研究对研究对象群体的相关目标特征进行测量和检测，虽然可以统计出目标群体众多的共同特征和相似经历，同样也能够认识到目标群体中各个成员间在各项指标上存在差异，但是，这些差异究竟是什么，是怎样的，其中所隐含着的背后原因、起源又是什么，则是定量研究无法表达的内容。定性研究能够将研究的落脚点细化，同时，定性研究能够对现象背后的情况进行表达，更加适合于对研究对象进行动态和细化描述的研究。

本书意在探索在美国 D 大学留学的中国学生的社会适应过程，主要采用叙说分析的研究方法(narrative analysis)。本书收集资料的方法，主要是从留学生本身的观点和感觉出发，以其主观的意识来叙说和诠释其美国留学生活中的社会适应历程。

从理论上讲，如何处理赴美留学过程中的社会适应状况，与留学生本人的性格和生活背景有关。对每一位中国留学生来说，其社会适应的心路历程都各不相同，具有个性化，都是一种独特的体会和经验感受，每一种体会和感受背后都可能蕴含着与人不同或者不为人知的故事。这些触及个人内心世界、主观感受和内心体会的内容，确实不是用定量研究能够获得的，也不是用理论推论和数据的方式可以进行表达的。

叙说分析是一种以故事形式来表达内在思维的组织模式，它可以被视为创造故事的过程，故事的认知模式或者这些过程所得到的结果，就是故事(Polkinghorne, 1988: 3)。收集当事人的亲身经历事件，以叙说分析方法来探讨女留学生社会适应的历程以及内心变化，独特的故事经验，让她们用自己的价值观和语言来叙说自己的心路历程，应该是很适合的一种方式。叙说分析研究强调，叙说者的内心世界中，尤其生命主题在影响它对于外界世界的现象、事物的解释，这样的主题会带领叙说者获得一致性的观点。而叙述的活动，可以为叙说者提供一个好机会并迫使其对过去一些片段的经验结合叙说过程本身进行回忆和串联，形成一种持续的历程(Ochs & Capps, 1996: 19-43)。

第二节　定性研究与女性主义

一、定性研究方法的思考

(一)定性研究的起源与发展

韦伯指出，社会学是一门致力于解释性地理解社会行动并通过理解对社会行动的过程和影响作出因果性说明的科学(马克斯·韦伯，1997：40)。定性研究基于世界的可认知性而展开。

大体上，学界将定性研究方法在西方社会的发展概括为五个阶段：即传统时期(1900—1950年)、现代主义的黄金时期(1950—1970年)、领域模糊时期(1970—1986年)、表达的危机时期(1986—1990年)以及后现代时期(1990年—　)(李晓凤、佘双好，2006：25)。

1. 传统时期

定性研究起源于19世纪晚期非西方人种与文化民族志研究，Boas、Kluckoln、Malinowski、Lowie、Bbenedict、Mead等为发起人。他们的"从做中学"的研究传统一直持续到今天。在传统时期，定性研究以对殖民社会的田野经验为基础，进行客观描述。研究专家作为从资本主义社会而来的研究者，对陌生的、与其所在社会完全不同形态的社会进行事实表述和整理初定型规则，并且用科学语言来解释和推论后现代时期。

2. 现代主义的黄金时期

此时的研究方法和研究对象都出现了变化。方法上更加具体，对象也不局限于殖民地社会研究。此时的社会学者开始采用参与观察法来研究社会的各种重要过程，并且产生了许多关于美国生活的经典性定性研究报告。例如：怀特的《街角社会》，戈夫曼的《精神病院》，斯坦克的《我们的街坊》，艾略特·列堡的《泰利街角》，等等。这些对偏差行为的研究在资料收集与分析上经过了标准化设计，运用了常人方法论，以及现象学、批判理论、女性主义方法论等。此时的芝加哥大学社会学系也开创了一项新的方法，即将定性研究方法转变为一个系统化的独立方法论，其创始者包括帕克、欧尼斯特以及托马斯，并且以格拉泽和施特劳斯的著作《扎根理论之发现》的出版达到最高峰。

3. 领域模糊时期

在 20 世纪七八十年代，定性研究方法论的整理及记录受到格拉泽以及施特劳斯的扎根理论的强烈影响，同时也受到了其他作品的影响，更具有反思性及批判性的范式开始兴起，这种新范式之一即笛卡尔式的市政主义的基本假设以及价值中立的科学研究。在人类学家杰瑞特斯的作品的强烈影响下，新范式的支持者认为，传统的民族志并非垄断的特权式的追求真理，而是深深落入殖民与后殖民时代以欧洲为中心的偏误思想之中。此时社会科学的黄金时期已过，定性研究方法引入人文领域，文本分析、叙述分析、语意方法伴随着文化批判等理论已进入执行研究的方法空间。在社会科学向人文科学借鉴与吸收的同时，人文科学本身如哲学、文学、艺术之间的学科范围却变得模糊。

4. 表达的危机时期

在 20 世纪 80 年代中期，定性研究出现了表达的危机时期。这与女性主义和后现代主义的兴起密切相关。他们认为不应该只依靠一位公正的科学家(也许是男性)发现唯一的真理，世界上存在着很多有待于继续去发掘的真理。在此脉络下，"多重实体"的取向变成了一处四面充满镜子的大厅，所有的知识都令人怀疑。以往的学术传统被人们所反思和批判，各项研究因为种族、阶层、性别的结构力量受到质疑。此时相关的定性研究者开始认识到其自身的道德权威与科学权威的处境，以及国家、资本社会知识权力制造的危机。因此，研究写作本身也是一种自我反思的探索。

5. 后现代时期①

随着 20 世纪 80 年代中期定性研究及书写的危机，新的理论视角与认识论开始呈现，理论也被视为叙述来解释，于是很多定性研究者开始撰写传记、评论、理论或概念性的专注，以引领自然的建构主义观点，并相容于后现代的精神。《定性研究手册》是建构主义传统的代表作品。在方法上，定性研究将研究者从原来的客体旁观者的位置带上了真正的舞台，成为田野剧本中的核心人物，研究者的主体性开始凸显。行动研究和运动取向的研究正在展开，传统上冗杂的理论说辞也转向区域性的小型理论，以符合并说明具体情景下的具体问题。

(二)定性研究的内涵

定性研究从内容到方法都具有很强的不确定性，定性研究大多数的研究个案同以往相比都不具有可复制性，面对不同的研究案例，研究本身都是一种新的尝试，如果想从中找到明显的共性与规律，的确是一个难题。学界对于定性研究的定义一直没有达成一致，究竟怎样的方法论意义上的定义才能够说清楚定性研究是对学界的挑战同时也是对定性研究的维护，留有空间让研究者对定性研究本身进行更加深入的了解。

面对上述的困难，还是有学者本着探索的精神，对定性研究进行了学术上的定义。我国学者陈向明以"文化主位"的方式来定义定性研究

---

① 也有学者将定性研究的发展时期分为七个阶段，如 Denzin 和 Lincoln 将北美的定性研究发展分为七个阶段，传统时期(1990—1950 年)、现代主义的黄金时期(1950—1970 年)、模糊时期(1970—1986 年)、表达危机时期(1986—1990 年)、后现代主义实验时期(1990—1995 年)、后实验研究时期(1995—2000 年)以及未来时期（2000 年以后）。引自 Denzin, N K, Yonna S. L, 2000, Introduction：The Discipline and Practice of Qualitative Research. In Denzin, N K, Lincoln Y S, *Handbook of Qualitative Research*, California：Sage Publications, 1994.

方法。"质的研究是以研究者本人作为研究工具，在自然情景下采用多种资料收集方法对社会现象进行整体性能够探究，使用归纳法分析资料和形成理论，通过与研究对象互动对其行为和意义建构来获得解释性理解的一种活动"（陈向明，2000：12）（笔者注：此处的"质的研究"即本书所指的定性研究）。有学者认为，上述定义仅仅是对定性研究的"方法"本身的定义，而不是"方法论"意义上的定义。即是对执行研究者从事研究的具体事件进行描述和总结，而不是按照一种外在的衡量标准对其进行概念上的抽象和概括（李晓凤、佘双好，2006：6）。他们认为，陈向明的定性研究定义包括了以下几个方面的意思：①研究环境：在自然环境而非人工控制环境中进行研究。②研究者的角色：研究者本人是研究的工具，通过长期深入实地去体验生活以从事研究，研究者本人的素质特别是开放性与田野精神对研究的实施十分重要。③收集资料的方法：采用多种方法收集资料，比如，开放式访谈、参与式观察、焦点团体讨论、文献法、实务分析、扎根理论、历史研究、口述史、生命史、行动研究等，一般不会使用量表或者其他测量工具。④结论和理论的形成方式：归纳法，自下而上在资料的基础上提升出分析类别和理论假设。⑤理论的视角：互为主体的角度，即通过研究者与被研究者之间的互动来理解后者的行动及其意义解释。⑥研究者与被研究者的关系：互动关系，在研究中要考虑研究者个人及其与被研究者的关系对研究的影响，要反思有关的伦理道德问题和权力关系。

李晓凤等人在综合其他学者的观点后，从定性研究的研究形式上对其进行了定义。他们认为，"所谓的质性研究方法是指与量化研究方法相对应的研究方法，它不依赖量化的资料与方法，而是对于现象的性质只直接进行描述与分析的方法。"显然，这种定义是从与定量研究的对比中得出的。从某种程度上来说是依照定量研究为参照物而得出的定性研究的定义。

国外对于定性研究本身的定义也是见仁见智。克里斯威尔认为定性的研究是一种研究设计范式，是在自然情境中以复杂的、独特的、细致的叙述来理解社会和人的过程（Creswell，1994）。巴尼斯特认为定性的研究是试图抓住潜在于行为表述中的意义，以及行为表述结构的意义，捕捉生活于其中、且为人们所诉说的人们所做的结构的意义；是探索、明确和系统化一个已经确认的现象的意义；是对一个特定问题或主题意义的清晰表述（Bannister，1994）。赫德尔森认为定性的研究是站在被研究者的角度来描述和分析文化、人以及群体行为特征（Hudelson，1994）。克瑞斯瓦尔认为定性的研究是用文字来描述现象，而不是用数字来加以度量（Krathwohl，1998）。也有人认为定性化研究是理解人的现场研究，一般以参与观察、无结构访谈或深度访谈来收集资料。可以看出，国外学者对定性的研究方法的诠释多是从某个方面来展开的，比如说方法类型、基本功能或者文化的角度等，每种解释有其合理性，又有不完整的趋向。

综合各种对于定性研究本身的研究，可以总结出，定性研究具有以下特点：

1. 融合于研究本身的研究

定性研究具有自然主义的研究传统，它强调在自然情景下并通过仔细描述研究的场景而进行，以此作为对研究者的客观真实情况了解的保证。在了解丰富、复杂、流动的自然和社会场景中的个人和社会组织时，研究者作为陌生人或者新个体进入到研究对象当中，研究过程本身就有对研究对象的自然状况破坏的危险，如何能够将这种影响降低到最小，研究者需要刻意"隐身"，维系定性研究的自然主义研究传统。

简单而言，自然主义的研究传统要求研究者在自然状态下进行研究，注重于研究对象本身的整体性和相关性，对与其相关联系的场景进行整体的、宏观的、关联性的研究。以此而进行的研究成果适合用以图表、照片、影音资料等多种形式相配合的文字予以表达，单纯的统计数据难堪此任。

2. 在于理解而非解释

定性研究的主要目的在于对被研究者的个人经验和意义建构作出解释性理解或者领会，研究者通过自身的体验，对被研究者的生活故事和意义建构作出解释。因此，定性研究需要在自然情景中进行，研究者需要对自己的"前设"和"倾向"或者偏见进行反省，了解自己与被研究者达到"解释性理解"的机制和过程。除了从被研究者的角度出发了解他们的思想情感、价值观念和知觉规则之外，研究者还要了解自己是如何获得对方意义的解释的，自己与对方的互动对理解对方的行为有什么作用，以及自己对对方行为进行的解释是否确切，等等（李晓凤、佘双好，2006：11）。

3. 灵活多变的研究过程

不同的研究者对同样的社会现实会给予不同的呈现是定性研究的特点之一。定性研究的多样化不仅仅反映在其研究内容中，在研究形式和研究过程中，定性研究也体现出灵活多变的特征。定性研究虽然在研究初期需要有文本性的研究方案和研究步骤，但是，随着研究的深入和研究情况的变化，研究方案和研究步骤并不是稳定不变的，它们会朝着最有利于研究目的，即真实呈现被研究者的状况发展。在定性研究不断推进的过程中，定性研究的方法会呈现出多样性：访谈法、参与观察法、文献法、焦点团体讨论法、民族志等多种方法配合进行，不局限于研究之初设计的几种研究方法。灵活多变的研究过程倾注了研究者的研究个性和研究热情，将研究者与被研究者之间的主客体关系模糊、淡化，最大限度地使研究者与被研究者之间消除因为陌生人介入而产生的隔阂，提高研究的真实性。

4. 自下而上的理论归结

定性研究与定量研究的不同很明显地表现在理论来源上。定量研究是一种自上而下的理论形成过程。研究者对理论在头脑中进行预设，然后带着问题进行研究，以期通过对被研究者的研究证实自身预设的结论。典型的演绎式理论形成机制，与定性研究明显不同。定性研究主要采用分析归纳法，无需在研究前就借助理论架构进行预设和假说。归纳的过程通常包括以下步骤：①研究者将自己投入实地发生的各种事实之中，注意了解各方面的情况；②寻找当地人使用的本土概念，理解当地的文化习俗，孕育自己的研究问题；③能扩大自己对研究问题的理解，在研究思路上获得灵感和顿悟；④对相关的一切事进行描述和解释；

⑤创造性地将当地人的生活经历和意义解释组合成一个完整的故事（Moustakis，1990）。定性研究以深描的主要手法对被研究者的文化传统、价值观念、行为规范、兴趣、利益和动机进行呈现（Geertz，1973）。定性研究中的理论建构也是遵循归纳的思路，从资料中产生理论假设，然后通过相关检验和不断对比得到充实和系统化，由于没有固定的预设，研究者可以识别一些实现预料不到的现象和影响因素，在这个基础上建立"扎根理论"，即从研究者自己收集的第一手资料中构建理论。

5. 看重研究关系

研究者与被研究者的关系对定性研究具有重要意义。因为研究者与被研究者之间直接接触，所以研究者与被研究者之间的关系会影响到整个调查。如果被研究者缺乏对研究者的基本的信任，那么，即使研究者能够得到被研究者提供的资料，但是其内容的真实性也值得怀疑。但是如果研究者与被研究者之间过于亲密，那么研究者本身对研究的预期就会影响被研究者在提供信息时的客观性，也许被研究者会不自觉地将自己所提供的信息往研究者的研究目的上靠。因此，如何调控研究关系的合理量度，也是值得研究者认真考虑的问题。有学者提出定性研究的研究伦理，其实也是为了能够控制研究关系的度。

（三）定性研究与定量研究的区别

人的主观能动性使其对非生物性刺激能够产生有思想、有意义的反应。定性研究就是基于这样的认识。不同的社会情境下，事物对人的意义亦不同。随着人们不断地诠释、再诠释，不断对世界作出有意义的反应，世界于是充满活力，变动不居。在人们看似不相同的行动中，我们可以发现世界被规律化和模式化。但是这样的模式和规律会随着时代的变迁而改变，绝对真理的相对性使每个社会科学研究都只具有时代意义。定性研究者尽力在自然环境中研究和发现意义。通过个人理解、与人共享和与人互动而从被研究者的角度力图真实地展示研究对象。定性研究的一个目的，是从被研究者的角度来观察世界，定性研究者们相信，他们自身对世界所持的特殊看法可能与他们想要研究的某一群体所持的看法相当不同。为此，定性研究者必须能够暂时搁置他们对事物意义的诠释，将精力转向对研究参与者不断的观察、访谈和交流。定性研究者尽可能地接近研究的对象，而不是与人们及其行为保持距离。在研究过程中，他们通常把被研究者视为参与者而不是研究对象。定性研究者感到，格式化的问卷和评分量表描述的是研究者眼中的世界，而不是参与者的内心表达。因此，只有通过采用对参与者来说是自然状态的观察和资料收集方法，才能够了解参与者眼中的世界。定性研究者不像调查研究者和实验研究者，需要收集可验证的硬数据，定性研究者收集的主要是一些语言和视觉资料，这些资料被称作是"有效的、真实的、丰富的、深入的、厚重的"，这并不是说定性研究者必然反对数字、计算甚至统计，但是一个充满意义的日常世界，往往不是由统计分析构筑的（迈克尔·辛格尔特里，2000：61）。

定性研究与定量研究往往不可分割，在讨论定性研究的时候必然会涉及定量研究以进行对比，同时，对定量研究的认识也需要以定性研究为参照。虽然两种研究方法从其方法论上即存在不同，但是两种作为社会科学的主要研究方法在实际的运作中并非彼此抵触、此消彼长的。为了能够方便说明定性研究方法，在此，我们对定性研究方法和定量研究方法加以比较。如表 3-1 所示。

表 3-1　定性研究与定量研究的比较

	量的研究	质的研究
研究目的	证实普遍情况，预测，寻求共识	解释性理解，寻求复杂性，提出新问题
对知识的定义	情景无涉	由社会文化所建构
价值与事实	分离	密不可分
研究内容	事实，原因，影响，凝固的事物，变量	故事，事件，过程，意义，整体探究

续表

	量的研究	质的研究
研究层面	宏观	微观
研究问题	事先确定	在过程中产生
研究设计	结构性的，事先确定的，比较具体	灵活的，演变的，比较宽泛
研究手段	数字，计算，统计分析	语言，图像，描述分析
研究工具	量表，统计软件，问卷，计算机	研究者本人（身份，前设），录音机
抽样方法	随机抽样，样本较大	目的性抽样，样本较小
研究情境	控制性，暂时性，抽象	自然性，整体性，具体
搜集资料的方法	封闭式问卷，统计表，试验，结构性观察	开放式访谈，参与观察，实物分析
资料特点	量化的资料，可操作的变量，统计数据	描述性资料，实地笔记，当事人引言等
分析框架	事先设定，加以验证	逐步形成
分析方法	演绎法，量化分析，收集资料之后	归纳法，寻找概念和主题，贯穿全过程
研究结论	概括性，普适性	独特性，地域性
研究的解释	文化客位，主客体对立	文化主位，互为主体
理论假设	在研究之前产生	在研究之后产生
理论来源	自上而下	自下而上
理论类型	大理论，普遍性规范理论	扎根理论，解释性理论，观点，看法
成文方式	抽象，概括，客观	描述为主，研究者的个人反省
作品评价	简洁，明快	杂乱，深描，多重声音
效度	固定的检测方法，证实	相关关系，证伪，可信性，严谨

续表

	量的研究	质的研究
信度	可以重复	不能重复
推广度	可控制，可推广到抽样总体	认同推广，理论推广，积累推广
伦理问题	不受重视	非常重视
研究者	客观的权威	反思的自我，互动的个体
研究者所受训练	理论的，定量统计的	人文的，人类学的，拼接和多面手的
研究者心态	明确	不确定，含糊，多样性
研究关系	相对分离，研究者独立于研究对象	密切接触，相互影响，变化，共情，信任
研究阶段	分明，事先设定	演化，变化，重叠交叉

资料来源：陈向明，《质的研究方法与社会科学研究》，教育科学出版社 2000 年版，第 11 页。

二、女性主义的定性研究

（一）对定量研究的批评

东西方学界均存在"社会科学是软科学"的看法，为了与以定量分析见长的自然科学"套近乎"，提高社会科学的学术地位，大部分社会科学学科对自身进行改革，相对于研究内容而言，研究方法的变动更加容易。因此，自然科学定量的研究方法顺理成章地被引入到社会科学的研究之中。定量研究在社会科学领域的运用主要有问卷调查、实验法、统计法等。女性主义作为社会科学研究的一种流派，从出现之初就对社会科学既存的研究方法存在不信任。鉴于此，女性主义研究始终以定性研究为其主要研究方式，而且在自己的研究过程中也一直伴随着对定量研究的批评。主要表现在以下几个方面：

第一，批评定量研究的数据代表性。定量研究基于统计学的逻辑，通过一定数量的测量对整个团体进行推断。单纯的数量多并不能证明全部。就算数量再大，只要研究对象整体当中有遗漏，就存在研究结果的不真实性，这是科学研究的大忌。更为严重的是，有些研究者对定量研究方法所得出的数量结论不加批判性的反思就盲目地认可数据的解释力，因而，往往会出现对于少数群体、弱势群体的压制和忽略。而且调查法本身特别是问卷调查法也会造成有瑕疵的刻板化结果。

第二，女性主义对社会科学的标准化模式需要提出质疑。社会科学对人的关注决定了研究需要从研究对象自身出发，将研究对象作为研究核心，这就包括对研究对象给予充分的尊重。如果用一套标准的模式对研究对象进行研究，会使整个研究扭曲，把不同的研究对象塞入同一个框架，有削足适履的感觉。

第三，定量研究的中立性不为女性主义所认可。定量研究往往把自己的结论标榜为客观的、价值中立的、具有代表性的。而女性主义认为，并不存在这样一种能完全客观的知识，也很难做到价值中立，因为研究者本身的价值观念会不自觉地影响到研究者看事物的眼光（沈奕斐，2005：136）。此外，所谓的代表性问题也是女性主义所不认可的，女性主义认为没有谁能够代表其他人，每个人都有自己的特质和主体性，具有不可复制的特征。

第四，女性主义者批评定量研究方法受男性主流意识的强烈影响。作为定量研究的一贯方式，定量研究之初都会运用某些模型，而这些模型本身就是为以男性为社会主流的认识所认可，对女性和非主流的忽略将女性主义的知识体系以及女性主义研究中的很多栩栩如生的概念如生育、性、劳动分工、家庭、婚姻、家务、父权等生硬和歪曲的刻板化，脱离具体的历史背景和地方文化（Mohanty，1988：61-68）。

另外，对于实验研究，女性主义者也注意到其存在以下问题。首先，实验研究背后的实证主义理念仍是19世纪"理性学术"的延续，仍旧认为任何事物都会有背后的因果关系。其次，实验者仅仅关注其假设真理的准确性而并不关注真理形成的过程。再次，实验往往会脱离被研究者的背景，但是有时背景却会影响结果，所以实验结果的准确性值得怀疑。最后，实验在混淆方法与方法论的同时也由于其标准化的写作模式导致对第一人称写法的压制。

（二）实践中女性主义者对传统研究方法的修正

实践中，女性主义者对传统的研究方法进行了修正，主要表现在，首先，重新认识研究者与研究对象的关系，从以往的主动与被动，引导与被引导，旁观者与当事人，倾听者与倾诉者的角度转换到双方互动、相互引导、地位平等、互诉衷肠的关系。其次，将定性研究与定量研究的光谱性进一步发挥。在以定性研究为主的基础上借鉴和使用定量研究中的有利因素，以提高定性研究效率和扩充定性研究方法。再次，关注妇女的声音、社会地位等，在研究中强化女性权重，凸显女性影响因素，很多时候将女性作为专门的研究对象和研究群体，以引起全社会的关注。

近十年来，由于女性主义的干预，使得定量研究特别是问卷调查也逐渐开始注意到研究者的立场、问法、平等等。即使是非女性主义者，在研究过程中也开始考虑所得研究数据之外的一些因素，特别是关于性别方面的因素（沈奕斐，2005：138）。

（三）女性主义的定性研究方法

女性主义者在研究过程中主要围绕以下五个要素：性别和不平等、经验、行动、对研究的批判、参与性方法（Cook & Mary，1986：2-29）。其中既涉及研究内容也关系到研究方法。女性主义研究者抱着对既有研究成果的怀疑和对未知研究领域性别性好奇的研究态度，从研究领域到研究方法均进行了富于性别特征的探索与改进。定性研究是女性主义研究者进行研究的主要研究方法，与以往不同，女性主义研究者改变了研究中的旁观者姿态，抛弃了研究者和被研究对象相分离的僵化模式，喜欢采用更有效的研究模式，例如，访问中的双向沟通与交流取代了由访谈者发问而被访谈者一味回答的单向交流(许艳、谭琳,2000:61)。

1. 口述史

口述史方法可以在了解事实和行为的同时,深入把握被调查者的情感世界,从而抛弃那些貌似客观的研究,并且在研究的过程中使女性从单纯的客体变成研究的主体。尽管口述史的方法在社会学界处于边缘地位,但是,女性主义者却把它看成是一种收集女性资料很有效的方法。女性主义偏爱口述史方法的原因有五点:①为了发展女性主义的理论;②为了表示对他人的尊重;③为了让人们通过这种叙述听到那些在某一社会中被大多数人忽视的人们的声音;④有助于社会各个阶层之间的理解和沟通;⑤能够揭示出某些事件在女人眼中的意义(李银河,1997:226-227)。总之,口述史方法适用于分析现世的日常生活的习以为常的方面。通过对口述资料的分析可以发现现实中的性别不平等现象和问题。

2. 半结构式访谈

女性主义者在对妇女的研究中发现,教科书中关于各种调查方法(如访谈法)的技巧、建议等的论述(如访问员要与被访问者保持一定距离,尽量不回答问题以避免影响被访问者的回答等)在实际中不但不管用,还限制了访问者与被访问者直接的交流,而互相交流可以发现很多有价值的信息。另外,有的时候我们也不能回避问题。所以,研究者应该打破常规,不但回答问题,而且还参与其中,这样可以获得大量的信息(Nielsen,1993:6)。显然这种研究方法打破了"主客观"二分法的限制。

3. 内容分析

内容分析其实是文献研究这种社会研究方式指导下的一种社会研究方法。即对现有的文本进行分析以便提出女性的问题。人们指出,在戈夫曼的论文中存在如下性别歧视的倾向:①不把女性作为分析的范畴;②不断应用其他人的性别歧视的论点来为自己的观点进行辩护;③过分强调女性的受摆布性;④强化传统的性别角色;⑤强化男性主导的性关系。现在,人们也开始对其他人的作品进行类似的分析

（刘军，2002：38）。

三、中国定性研究的源起与发展

（一）源起

定性研究在中国起源于 20 世纪初，开始是由外国传教士、学者和教授发起。1989 年，美国传教士史密斯（A. H. Smith）在对中国山东农民进行广泛调查的基础上出版了《中国农村生活》；1917 年，美国教授迪特莫对北京西郊居民生活进行了调查；1925 年，美国教授葛学溥通过在广东潮州凤凰村的实地研究写出了《华南乡村生活》；1921 年美国传教士甘柏和布即仕发表了《北京——一个时代的调查》。

（二）定性研究的发展现状

随着时间的推进，中国学者也开始独立从事定性研究。20 世纪二三十年代是中国学术界定性研究发展的重要时期，我国成立了两个社会调查机构，即中华教育文化基金董事会社会调查部和"国立中央研究院"社会科学研究所社会学组。根据陈向明的总结，此时的代表作主要有：李景汉 1929 年的《北京郊外乡村家庭》和 1933 年著名的《定县社会概况调查》；严景耀 1927 年至 1930 年的犯罪问题调查；陈翰笙 1929 年至 1930 年的无锡、保定、广东农村社会经济调查；费孝通 1939 年的《江村经济》；史国衡 1943 年的《昆长劳工》；费孝通和张之毅的《乡土中国》等（梅拉尼·莫特纳，2008：3）。

经历过 20 世纪 50 年代的停滞之后，到 20 世纪 90 年代，定性研究的局面开始打开。此时集中涌现出一批研究成果。例如，1999 年李书磊的《村落中的"国家"——文化变迁中的乡村学校》，2000 年项飚的《跨越边界的社区：北京"浙江村"生活史》，2007 年陶庆的《福街的现代"商人部落"：走出转型期社会重建的合法化危机》。

陈向明作为国内对定性研究方法本身进行研究的学者，她的研究成果对国内定性研究产生了很大的影响。2000 年以来，她发表了多篇与定性研究有关的学术著作，对国内教育界和社会学界定性研究发展影响意义非凡。例如《质的研究方法与社会科学研究》即成为每篇讨论定性研究的学术论文必定参引的书目。虽然它缺少对于目前国际定性研究新热点——计算机软件定性研究的介绍，但是对国内的定性研究介绍和运用已经有了很大的进步（夏传玲，2007：152）。各个高校也根据自身教学资源特征开展了形式不一的定性研究调查。目前定性调查在商业领域也得到了广泛的应用。一些大的公司在企业 HR 管理中灵活运用定性研究调查手法，提高企业员工价值贡献率；商家运用定性调查，对消费者消费倾向进行细致分析，提升商品销量；专业调查机构根据不同研究目的，对不同群体进行定性研究，以全面满足委托调查者的要求。

（三）本书对定性研究方法的选取

在本书写作的初期，就研究方法、选择问题仔细进行过思考，笔者认为，若想展示一种研究的过程感和对研究对象的深入了解，数据本身很难表达。例如，关于研究对象对自己在此学习状况的评价，既要涉及以导师为代表的学校方面对于该学生的学习适应过程评价，也要涉及学生本人对于自己学习适应过程的评价。在导师对学生的评价中，导师可能会将该学生的学习适应情况与自己的其他学生进行比较，虽然可以对该学生的学习适应进行打分，但是每个导师本身对于学生的评价标准和要求不同，每个导师的评价参照标准也不同，那么所收集到的分数本身并没有任何意义。若使用定性研究，通过笔者访谈，分析所收集的资料，可以将文字之间的意义和程度进行比较。例如笔者在访谈过程中问及访谈对象自己的学习适应状况如何时，有的访谈对象说："还行，因为我对自己的要求也不是很高，不需要在这里修学分，所以完全可以按照自己的兴趣，导师布置一些东西我去完成了就行"；另外一位访谈对象说："还行，但是得看怎么比。和那些本土学生来比还是不行，因为思路上的训练是个长时间的过程，刚到这里需要经过一段时间的磨炼，才能在学业上达到和本土学生一样。我在开始一年的学习过程中吃了不少苦，这其中既包括对学习习惯的适应，还包括对课程教学方式、作业完成方式本身的适应……"如果用定量研究对以上两位学生的学习适应进行总体测量，可能得到的是同样的结果，但是从文字表述上可以看到，其实她们的适应程度是不同的，可能第一位学生并没有适应这里的学习环境，但是却因为自我感觉良好而选择了"还行"这样一个描述指标，而第二位学生其实已经初步适应了在这里的学习环境，但是由于自己要求较高，也选择用"还行"来评价自己的适应状况。如果用这样的调查方式得到的数据进行定量分析，那么测量指标本身的信度和效度有待考虑，研究结果的真实性也值得商榷。定性研究的测量不能够体现笔者的研究初衷，即真实反映中国女留学生在 D 大学的社会适应和社会支持状况，也不能实现本书的研究目的，即通过过程本身的细化研究以对特殊群体社会适应理论和实践进行扩展。另外，访谈中，研究对象的描述可能并不仅仅针对一个单独问题，例如获得的上述访谈资料也可以用于对两位研究生在 D 大学心理适应情况的研究，同时还可以用来归类两位学生的性格特征和处事方式，通过定性研究，可以充分利用获得的资料全面表现研究内容，研究者可以通过详细分析所获得的资料获取研究对象本身有意回避或刻意隐藏的内容，深入挖掘研究对象，全面实现研究目的。

第三节　资料搜集过程

大陆学界对于叙说分析的使用较少，一部分学生使用类似于叙说分析的口述史方式进行研究，而台湾地区对于叙说分析研究方法的推广和普及好于大陆地区，有大量的社会学和社会工作类学术论文和科研报告使用叙说分析。如林娟芬的《妇女晚年丧偶后的适应——一个以台湾地区为例的叙说分析》，李岛凤的《依恋爱情关系的女人之叙说研究》《变调的青春——忧郁症青少年之生命叙说》《新住民母亲的亲子关系：一种叙说分析》《多元文化课程实践与教师文化经验的叙说分析》《不成长就会被淘汰——一位幼师生命运转之叙说分析》《一对"咫尺天涯"的双生涯父母——父母次系统动力运作的家庭叙说分析》，等等。

本书参照上述研究，资料收集的重点是以受访者在 D 大学社会适应的过程为主。收集资料的方法是深度访谈，利用半结构式问卷作为访谈工具，通过叙说故事和朋友间聊天的方式来进行的。笔者主要是在谈话和聊天中引导受访者说出其社会适应的心路历程，形式上并没有刻意的追求。

本次访谈中，笔者选取了 15 位在 D 大学学习的中国女留学生作为访谈对象，她们的年龄在 20~40 岁，除一人以外均攻读硕士及以上学位，专业涉及社会学、经济学、政治学、传播学、生物学、医学、文学、化学等。后文将以案例一至案例十五的编号来代称这 15 位访谈对象，具体信息可参见附录二。

访谈的时间和地点都是灵活机动的，除一名女生要回国而不得不集中进行访谈之外，其他人的访谈都是在茶余饭后的聊天或者是电话聊天中进行的，甚至还有一些是笔者在与其一起逛街、购物、就餐或者打扑克、听音乐、旅行的过程中记录下来的。笔者认为，这样的形式能够使受访者放松心情，准确表达自己的内心感受和生活实际状况。不论采取怎样的形式，笔者都期望能够得到受访者真实的资料，所以，形式上并未拘泥于某一种，一切形式都是为内容服务和忠于内容的。以下简要说明资料收集的过程。

一、定额取样

在研究之前，笔者通过阅读相类似的研究成果，发现类似研究样本量一般控制在 10～15 人（林娟芬，2007）。如果样本太多，那么，要在有限时间内对所有样本进行深入挖掘，恐怕存在时间上的限制，也无法保证质量。如果样本量太少，又有写单个人物传记的嫌疑，在样本量特别是进行深入访谈的样本量的考虑上，直至截稿，笔者始终在纠结。因为并没有任何确切的研究文献或者指导用书来阐述究竟选取几个样本才是最有效的研究样本，所以，最终笔者还是寻访前人的研究经验，遵循普遍使用的样本数对本研究样本的数量进行决定（赵丽丽，2008）。具体样本选取条件如下：

在研究设计中，笔者预计选择 10～15 个在 D 大学留学的中国女生作为研究对象，同时对研究对象的条件提出以下三点要求：①中国国籍，汉语是其母语；②在 D 大学进修或者学习；③到美时间在半年到 3 年之间。

之所以要求中国国籍，是因为本书只是对中国学生的社会适应做研究，而不包括华裔或者其他身份的学生。将汉语作为母语这一点当作一个标准是为了保证笔者对于获得资料的准确理解和诠释。"在 D 大学进修或者学习"这一要求可以将研究样本确定在 D 大学学生或者学者中，使研究样本具有一致性，更加便于做比较研究，同时也使研究更加具有针对性。赴美时间选择在 3 年之内，是笔者在研究前期与一些留学生聊天过程中得到的建议，他们普遍认为，3 年是一个"坎儿"。很多人的生活在 3 年之后会有一些质的变化。也有人认为 1 年甚至 6 个月就是一个质变的时期，但是考虑到大多数人的意见和笔者自己的亲身经验，到美时间在 6 个月之内的学生对于社会适应中的很多感受容易淡化，因为前期的社会适应相对来说比较直观和杂乱，可能受访者自己对很多现象都不能够进行全面的认识，所以在接受访谈的过程中得到的资料可能与实际情况有偏差。

二、滚雪球取样

在联系受访对象的过程中，笔者通过两种方式获得受访对象。一部分是笔者自己在 D 大学学习过程中认识和接触到的符合研究样本标准的中国女留学生，经过交流和征求对方意见确定为本书的访谈对象，另一部分来自于既有访谈对象的介绍。一部分女生认为这样的访谈很有趣，甚至觉得和笔者本人进行交流很有意思，故而介绍自己所熟识的同学、朋友参与到访谈中来。基本上笔者对于访谈对象介绍的朋友和同学都会进行初步的了解和观察，当确定她们也符合本书研究样本的标准时，则将其吸纳进研究中来。在此应该说明的是，研究中涉及了几位其他国家留学生的资料，例如意大利、日本、法国、印度、美国等国家留学生等，她们的访谈内容仅仅用于与笔者的访谈对象的内容进行对比，其内容并未作为笔者做结论时所依据的资料。

关于滚雪球取样法，笔者想多说几句。笔者之所以同意自己选择的访谈对象介绍其他人参与访谈和研究，一方面是基于社会网络研究中得出中国人之间强社会关系人群间的相似性，滚雪球方式可以通过受访者接触到与受访者有相似身份的潜在受访者，将自己的研究对象集中起来；另一方面是基于对介绍者本人的信任。在笔者自己选择的访谈对象中，有三位是社会学专业出身的博士研究生，其中一位还可以称得上是专门进行社会网络研究的学者。她们对于社会网络和社会适应的研究见解给予了笔者很大的帮助，笔者出于对其的信任甚至可以说是对其给予的学术帮助的依赖，所以也愿意请其帮忙介绍一些访谈对象。

三、半结构式访谈

笔者以开放式的访谈方式进行访谈，让受访者述说自己在 D 大学学习生活过程中的各种适应情况。一般情况下，并不会打断被访者的谈话，让其尽情述说，不对其进行任何的引导或者局限。等受访者自己表达完毕之后，笔者若发现自己需要的内容并没有出现或者并没有完全呈现，则会以一种婉转的生活化的方式再次掀起这样的议题，如果笔者发现受访者对此提示仍旧没有反馈或者没有明显的述说兴趣，那么，笔者将会就此结束访谈，另择时机获取相关资料，尽量使整个访谈过程轻松、自然。

关于访谈的结构式问卷，笔者并没有出示给被访者，只是在访谈过程中非按照顺序地提出类似的问题，让被访者述说。访谈的基本内容包括：

(1)学业上

①与国内相比，学习上最大的困难在哪里？

②与老师和其他研究人员的互动如何？

③遇到过困难吗，有困难怎么办？

④对自己学业的总体评价如何？

(2)生活上

①在这里过得怎样，想家吗？

②觉得美国人怎样？好相处吗？

③会参加外国人的社交活动吗？（频率是什么样的，参加过程中的角色是什么，感觉怎么样）

④有没有特别看不惯的外国人的生活习惯？而他们都怎样看你，怎样评价你？

(3)心理上

①是否觉得自己是 D 大学的主人，和其他学生一样？

②觉得 D 这个城市怎样，美国怎样？

③会觉得孤独吗？如果觉得累时怎么办？

（4）综合适应

①想回国吗？回去后有什么打算？

②来之前对这里有什么憧憬，来之后感觉和之前预期的一样吗？

③来这里的目的是什么，如果让你重新选择一次，还会选择来这里吗？

以上问题虽然有很多都是相似的，但是根据拉博夫的观点，叙说分析问题，只是引导被访者叙说自己的经验、故事，而且是以受访者自己的观点来看事件，并且对事件进行自己的解释、赋予自己的意义。因此，引导的问题也常常是从反馈中产生的（Cortazzi，1993）。但是，应该认识到的问题的设计也是根据后面所谈到的理论框架所涉及的，并非信手拈来。

四、访谈的具体过程

在访谈之前，笔者都征求过被访者的同意，并且告诉对方所获资料的用途。因为被访对象都接受过高等教育，并且其中相当一部分都进行过类似的研究，所以对笔者的做法表示支持和接受。只是希望笔者能够对其个人资料保密并且希望笔者能够在做完研究之后销毁各种资料以及不再利用相关资料进行任何其他研究。同时，如果被访者在访谈中注明某些不希望呈现的内容，笔者也都严格尊重其意愿，不对这些内容进行呈现。

叙说分析本身在研究方法的信度和效度上存在局限，其研究的信度相当大的程度上取决于研究者的方法论技巧、明暗度和诚实性。研究者借由观察、访谈和内容分析，以期望产生有用、可信的质性研究结果，这本身有赖于研究者本身丰富的训练、知识、练习、实务工作、创造能力和努力。研究程序是保证研究结果的关键环节。笔者在做叙说分析资料收集的过程中，尽量通过个人努力突破叙说分析本身的局限。

整个访谈过程从 2009 年 7 月持续到 2010 年 1 月，历时半年。2009

年 10 月之前，因为笔者本人未到 D 大学，所以收集到的资料均为电话和邮件访谈获得。之后的资料获得形式就相对的多样灵活，既有文字也有面谈，还有部分电话访谈和邮件访谈。

在访谈过程中，如果能够做录音，则笔者进行录音，若访谈当时不能够进行录音工作，则在获取访谈资料之后，笔者马上进行记录和反馈，所获得的内容得到受访者的认可之后，则进行保存。整个访谈过程都由笔者自己一人进行，每位受访者的受访时间并没有严格的限制，以获得充分的访谈资料为原则。访谈次数也不确定，有的受访者多，有的受访者少。还有部分受访者在接受访谈之后，仍旧有叙说的需求，主动联系笔者要求进行倾诉，笔者也都答应，将所获得资料作为目标访谈内容的补充。

访谈过程中笔者本着忠实于受访者内心想法的观点，不做过多的引导和协调，即使访谈中出现"跑题""开小差"等现象，笔者也都不会干预，只是作为一个倾听者。当然，在受访者谈到笔者有共鸣的话题或者需要笔者进行回应和反馈的时候，笔者也会进行适时的反应，营造一种受访者期望的访谈气氛，让受访者能够主动地、自然地进行后续的叙说。但是，笔者严格地遵守研究伦理的要求，并不对受访者的倾诉思路和倾诉方向进行引导，尊重受访者自己的倾诉方式和倾诉逻辑，保证受访者自由倾诉内容。

五、资料的整理

资料的整理笔者主要以如实记录为主。在将访谈内容记录之后再根据研究需要进行分类，按照各个研究目标和研究内容进行归类。将记录内容向各个受访者进行如实通报，并向当事人求证记录的准确性和表达的确切性。

第四节　本书研究分析方法的局限

定性研究与定量研究相比，其局限性和不足笔者在前文的比较分析中已经进行了说明。因为使用定性研究，所以，本书也不可避免地会出现定性研究本身难以回避的问题，另外，针对本书研究分析方法，笔者认为还有以下一些局限。

这是笔者第一次系统采用定性研究方法进行学术研究，所以，在方法的运用上难免有瑕疵进而影响整个研究的质量。在笔者所选的研究样本中，除一人之外全部具有硕士及以上学位者，所以，研究对象的代表性相对要差，不能够囊括本科学生的社会适应状况。

本书所探索的是受访者的内心世界和个人生活历程，因此，不可避免地会涉及受访者的个人隐私。而且很多受访者本身就是笔者很好的朋友，所以在采访过程中很容易出现受访者的倾诉内容引起笔者自己的共鸣和私人反应，有时候笔者会情不自禁地向受访者倾诉自己的内心感受，从而无形中延长了收集资料的过程。另外由于深度访谈的形式较灵活，所以整个资料收集过程很分散，时间跨度较长，可能出现对于一个问题同一个受访者在前后两次谈话过程中因为个人生活经历的变化或者个人即时心情的影响而出现前后态度不一的情况，此时笔者还需要再次确认，这也耽搁了研究的进度。由于时间跨度长，有时候受访者也很难确定自己的观点，造成一些资料收集和陈述上的前后矛盾。

在采访获取结论的过程中，笔者请受访者尽量避免使用模棱两可的词汇，尽可能使用口语，这样一方面可以确保受访者本人表达的形象性和准确性，另一方面对于笔者整理资料和对资料进行定性提出了挑战，对于口语特别是口语中的一些特殊说法，笔者发现有时很难找到确切的书面词汇表达，这本身会影响研究的信度。

虽然笔者已经尽最大努力地以最忠实的方式呈现受访者的主观诠释和内心感受，但是，因为笔者是个人单独进访谈和资料分析的，会不自觉地主观介入和进行自身的主观诠释，从而影响最终的分析结果，造成资料使用和诠释上面的偏差。

第三章　中国女留学生社会适应状况

第一节　社　会　适　应

与本章相关的社会适应研究主要是跨文化适应研究。该研究对象可以分为两类：一类是长期居留在某种社会文化环境当中的非本文化群体中的个体，如移民和难民，他们在当地长期居住；另一类是短期居留在某一社会文化当中的非本文化群体中的个体，被称为"旅居者"（sojourner）。主要包括商业人士、留学生、专业技术人员、传教士、军事人员、外交人员和旅行者。

关于跨文化适应研究，主要存在两个研究模型。即维罗·奥伯格（Kalvero Oberg）在 1960 年提出的"文化冲击模式"中的"U 形曲线"（U-shaped curve）理论模型和 Gudykuns、Hammer 在 1987 年提出的"适应性机能论"（homeostatic mechanism）中的"W 形跨文化适应曲线"（W-curve model of cross-cultural adjustment）。

"文化冲击模式"中的"U 形曲线"理论模型中的文化冲击过程可以分为四个阶段：蜜月阶段、沮丧阶段、恢复调整阶段和适应阶段。对于留学生而言，初到的第一个阶段是蜜月阶段，适应程度很好，之后近于第二阶段，即沮丧阶段（"文化失衡"阶段），随后是逐渐过渡到的恢复调整阶段（"文化接纳"阶段）和适应阶段（Lewthwaite，1996：167-185）。如图 4-1 所示。

"适应性机能理论"认为跨文化适应是一个舒缓紧张直至达到平衡的动态的、循序渐进的过程。研究者认为有 8 个变量决定旅居者在新的环境中的"不确定性和焦虑"的程度：东道国的社会支持、共享的社会网络、东道国成员对自己的态度、双方偏好的交流方式、刻板印象、文

（1）蜜月阶段
· 对新文化充满了新鲜感
· 对于差异显示出好奇
· 强调文化共性

（4）适应阶段
· 察觉、理解文化差异
· 自主和满意
· 双重文化身份

U

（2）沮丧阶段
· 行为、价值方面出现对峙
· 疑惑与焦虑
· 抗拒新文化

（3）调整阶段
· 学会新的社会和文化准则
· 效能与安逸
· 尊重新文化

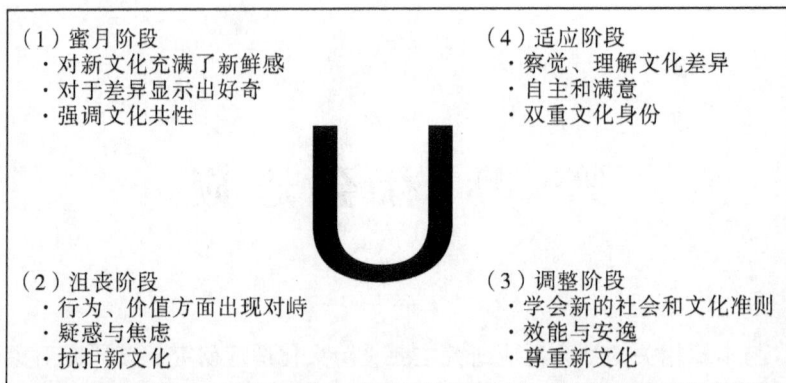

图 4-1 "U 形曲线"理论

化认同、文化的相似之处和第二语言能力（Lewthwaite，1996：167-185）。①

之后，一些研究者还考虑到旅居者回国后又将面临新一轮的文化适应，所以在"U 形曲线"模式的基础上，把旅居者整个跨文化适应过程表现为"W 形跨文化适应曲线"。如图 4-2 所示。

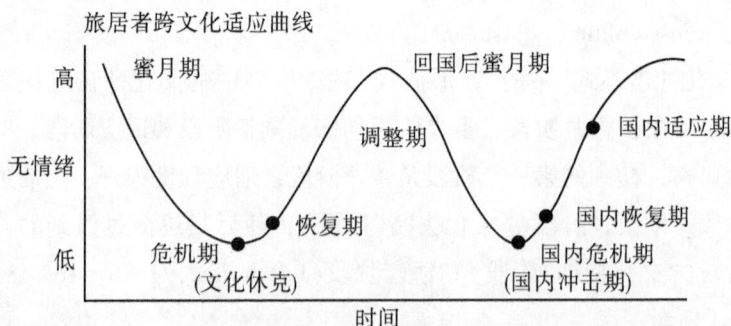

旅居者跨文化适应曲线

高

无情绪

低

蜜月期

回国后蜜月期

调整期

国内适应期

恢复期

危机期
（文化休克）

国内恢复期

国内危机期
（国内冲击期）

时间

注：基于欧本(Obeng)1960年的研究以及葛斯浩恩(Gullahorn)夫妇1963年的研究

图 4-2 "W 形跨文化适应曲线"理论

① http://www.soros.org/initiatives/scholarship/info/nuts_bolts,2018-05-15。

美国心理学家阿德勒提出了自己对于跨文化适应过程的变化的认识，并提出了以下五个阶段的模式假说作为理论基础。第一个阶段是接触阶段，此时由于刚进入异文化环境，人们对新环境文化的好奇心旺盛，容易兴奋，对异文化表示出强烈的兴奋。第二个阶段是不统一阶段，即开始察觉文化差异，并且可能被这种差异压倒，感到混乱、困惑、无力、孤独，精神上容易产生抑郁，寻找不到适应新文化的头绪，没有办法预料自己在社会中的地位、作用。第三个阶段是否定性阶段。在否定文化差异的同时，人们产生了攻击性倾向，会对异文化开始产生疑问和出现否定性行为。这被视作坚持主见和自尊心的表现。第四个阶段是自律期阶段。人们能够承认文化差异，个人心理防卫性态度逐渐得以消除。在人际关系上、语言上已能与环境协调。研究认为这一时期是安定期的初期，此时行为开始变得沉着、自信、有控制力。第五个阶段是独立期阶段。此时人们对文化差异的认识进一步确立，并且能够体验丰富充裕的感情生活，能够采取实现自我价值的行为。在此时期中，人们已经能够担负起社会职责，日常生活也开始很顺利(徐光兴，2000：12-15)。

笔者在下面的研究中借用上述两种模型但是稍加个性化，并没有将某一个研究点与某个模型一一对应。通过对所获得的访谈资料的分析，可将中国留学生的社会适应分为三个方面：学业适应、生活适应和心理适应。

第二节　学业适应

目前中国学生出国留学的原因很多，一部分人是想进一步学习国外先进的科技成果；一部分人是想借出国学习的机会长见识、开阔眼界；一部分人是盲目跟风，看到其他同学、朋友出国留学，自己也产生了想出去的想法，并没有对出国留学做过多深刻的考虑；与此情况类似的还有一些家境优越的人，因为家庭逼迫或家长意愿而出国留学；还有一部分人是由于在国内学习、工作或生活受挫，不得已选择逃避到国外。在我所采访到的留学生当中，基本上上述类型都有。但是，不论怎样，来到国外留学，学习是必需要做的一件事。学习适应是众多留学生到此之后面临的第一个适应过程。

所谓学习适应，心理学界研究得较多。关于学习适应的定义，主要有以下几种说法。周步成在其《〈学习适应性测验〉手册》中提到，学习适应是指"个体克服困难取得较好学习效果的倾向，亦即学习适应能力"（林崇德，1995：51）。田澜在其后的研究中将这一概念更加动态化，提出"学习适应性是指学生在学习过程中根据学习条件（学习态度、学习方法、学习环境等）的变化，主动做出身心调整，以求达到内外学习环境平衡的有利发展状态的能力"（田澜，2004：502）。还有学者将学习适应定义为"学习适应是指主体根据环境及学习的需要，努力调整自我，以达到与学习环境平衡的心理与行为过程"（冯廷勇、苏缇、胡兴旺、李红，2006：726）。本书中，笔者借助皮亚杰的观点，将适应看作是一个主体通过丰富和发展以适应客体的过程。因此可将学习适应看作一种过程，即主体在学习中不断调整自身以达到和整个学习过程相协调的一种动态过程。学界通常将影响大学生学习适应的主要因素划分为学习动机、教学模式、学习能力、学习态度、环境因素五个方面（冯廷勇、苏缇、胡兴旺、李红，2006：762）。本书在对学习适应进行研究时，打乱了上述各因素的层次，选取了学习适应网络的主要结点、学习适应的方式和学习适应不能适应的措施作为研究点，对学习适应从开始到结束进行统筹考察和动态描述。

一、学习适应网络的主要结点

按照访谈之前的假设，笔者主观地认为学生学校适应的主要结点应该是学校的功课。只有考试成绩合格，各门功课能跟得上，这才是最重要的。但是在实际的调查中，结果并非之前想象的那样。几乎很少有受访的中国留学生将功课本身作为社会适应的最重要的方面。她们更多的是关注自己的指导老师，她们的整个学习过程是不断调整自身以适应导师的教学风格、研究方向、教学态度和学术研究等。留学生们通过调整自己的作息时间、学习方式、个人的研究习惯来适应现在的导师。导师是他们学习适应中的主要结点。这一点是中国留学生与其他国家留学生在学习适应方面很不一样的地方。在对几位其他国家的留学生的采访中，他们均表示将学业本身看作是学习适应网络最主要的结点，几乎很少提起自己的导师。该差异性是笔者在作调查之前所不曾想到的。

中国留学生适应自己导师的方式主要是被动承受和自我调整。在刚接触到自己的导师的时候，留学生们都会有一种不适应，因为不知道自己的导师及其研究团队是怎样的做事风格，如何能够尽快融入导师的研究团队是他们思考最多的问题。留学生们首先是进行观察，通过观察揣摩出自己的导师的做事风格，然后比照自己的行为方式进行修正，最后在修正与调整中使自己渐渐进入角色。一些留学生会自己创造一些机会与导师接触，如发邮件预约每周的见面时间，向导师汇报自己一周的工作，或者查询导师的课表，旁听导师的课程，还有收集导师发表的论文和著作，通过阅读进一步地了解导师的研究喜好和研究进展。留学生们紧密地围绕在导师的周围，所以她们较其他留学生能够更快地与自己的导师达成步调一致。受访的女留学生中，几位在此攻读博士学位的女生都与自己的导师有良好的工作合作关系和私人交情，她们坦言和导师相处得很愉快，这对于她们在 D 大学的学习具有至关重要的意义。在研究团队中担当重任或者获得导师的信任是影响她们学习适应最主要的两个因素。

[**案例一**] 我现在主要用 SAS 分析作图，因为我导师用 SAS。我就跟她用一样的。我觉得你不用学这个，其实 SPSS 就挺好的，它的界面又好操作，而且很漂亮，用起来也容易，你就学这个就行。我在国内的时候有一个老师的 SPSS 的学习讲义，你拿去看看吧，不过别给别人就行。我现在也不想用 SAS 了，现在在学校用可以免费，以后买起来就太贵了。我现在在学 Ruter，这个比较便宜，不过真的不好用，很多都需要自己写编程语言，而且界面很单调，不好看。如果画图我觉得 Excel 就行了，用它做的图很好看的，尤其是 2007 版的，而且还可以自己对图进行整理和编辑，我觉得这就足够了。我导师现在给我在 Public Policy 找了张桌子，虽然是在走廊，不过环境比社会学系好很多。我下个学期就打算搬到你们小区，房租便宜很多，而且离办公室很近，直接走下去就到了，我就不用开车，每天走着上学就行了。

[**案例十**] 同学之间的接触不是很多，主要是完成导师的任务。我们做的事情就是研究植物当中是否存在一种酶，能够影响它们放射出一氧化氮。你知道"伟哥"吧，那个就是通过一氧化氮扩充血管的，它的一氧化氮来源于动物，我们现在就在进行植物研究，看看植物当中到底是哪种酶在影响一氧化氮的放射。（笔者：挺有意思，那你们确定会有这种酶吗?）不确定，只是假设。我们导师就是做这个的，他现在在国内小有名气，入选了当地"百人工程"，现在研究重心放在国内，我们研究所的几个博士后今年就会

和他一起回国，那个你认识的博士后夫妇就和他一起走，因为我导师可以带人回去，所以他们两个就能在国内找工作了。导师人很好，所以我们都跟着他工作。我刚开始有点不熟悉这里的环境，干活不是很顺手，不过现在好了很多。我们这些做基础工作的，都是这样的，导师提出一些假设，我们就跟着做，做好了我们的论文才能发表，到时就能顺利答辩毕业。

Saoyo 是个日本女孩，之前在日本工作多年，后来又在 D 大学攻读了两个硕士学位，现在在一个研究中心做研究助理。和她谈到初到美国学习适应的事情时，她印象最深的是在 Engineer 学院攻读硕士时候的情形。当时她有一门课的指导老师是 D 大学有名的治学严谨、要求严格的名师之一。学生们在上他的课之前，都会进行充分的预习，每次上课之后，都会有小组工作。学生们一周要在这一门功课上花费 10~15 个小时，几乎每个周末大家都不能完全放松，都会约在学校图书馆的小组工作间内进行讨论，之后，每周每个人都要完成 5 页左右的论文。作为英语非母语国家的留学生，Saoyo 所面临的情况应该和其他的中国女生一样，但是她的处理方式却完全不同，她将适应的关键点放在与同学的交流和合作之上，花大量的时间自己钻研之后与同学特别是自己小组的同学进行交流和切磋。Anu 是个印度女生，2009 年 5 月刚毕业，现在和 Saoyo 一样在一个研究中心工作，她回忆起自己当时在美国读硕士的情景，也与我所了解的中国女生的情况不同。Anu 说："我们当时读书的时候，每到快考试，或者是那些要求严格的老师们上课之前，我都会收到一些特殊的邮件，如'今晚 3 点在某某教室或者研究楼集合'。"她同样是将同学之间的学习促进作为主要的适应切入点。她说"每当这个时候，我们就会通宵做事，然后你会发现第二天上课或者考试的时候，教室里大家的头发都是一簇簇的、乱七八糟，考完试或者下课之后，所有人蜂拥回宿舍睡觉。"

二、学习适应的方式

美国大学对所有入编学生的要求不因为其国籍、种族的差异而有所不同。中国留学生在此并不会因为自己的身份而得到特殊的关照，所以，作为英语非母语国家的学生，她们的学业适应要比其他有语言优势的学生更加困难。适应方式也有其自己的特色。

（一）自我调整，适应学业

因为规则的普遍性和不可逆转性，学生们只能通过改变自己来适应环境。需要获取学分的正式入编学生，会根据自己的学业特征和自身的学习能力、教育背景分析自己的学习适应攻略。花费较其他人更多的时间和精力在学业上是最原始的学习适应方式。对于专业课的学习，一些学生不能完全用英文来理解和领会，所以她们会查阅相关的中文书籍和参考文献，通过其他的途径获得相关学业的知识。在所有受访女留学生中，100%都在赴美留学时带了自己认为重要的专业方面的中文文献和书籍，数量不一，有的控制在 10 本之内，有的带了整整一个箱子的书。她们坦言有些时候先看看中文的相关文献再去阅读英文文献和适应研究方法会容易很多，也会节省很多的时间。在赴美留学之前，他们已经对这里可能出现的学业困难有了相当的预期，所以，准备工作依照个人的认识不同而有所不同，但是均对其在此的学业适应有积极作用。

1. 学习时间的调整

每个留学生在赴美留学之前都有自己的作息时间，很多人有睡午觉的习惯。特别是一些已经成家或者有小孩的女性，午休时间是很多人在一天中进行能量缓冲的重要时间。但是到美国之后，由于学校不会将午休时间列入学校的教学表中，相当部分的课程都是在中午 1 点到 2 点之间进行，一些女生一开始很难适应这样的作息时间，经常出现在课堂上打盹、效率不高、开小差甚至不能坚持上课或者做研究的情况。其中一些人想了一些办法来调整生物钟，如在周末的时候按照学校工作日的时间安排自己的作息，把一些自己感兴趣、觉得有意义的事情安排在中午最容易打瞌睡的时段进行。经过4周左右的调整，以前不太适应这里作息时间的女生已经完全能够应付这样的作息。一旦在学习时间上调整过来，进入学习状态就相对容易了很多。

2. 学习习惯的调整

长时间在国内接受的教育影响到了学生们的研究风格，特别是那些学习社会科学的学生，其行文思路和研究方式与国外的情况有所不同。数量分析和定量研究使用较少是中国留学生的薄弱环节，学习社会科学的学生在此都经历过一段转变研究风格的痛苦时期。在接受笔者访谈的学习社会科学（如社会学、经济学、传播学等）的留学生中，研究方法方面的适应是他们学习内容适应当中最难进行的一部分。一方面，因为在国内获取研究数据的困难以及获取数据的准确性值得商榷，留学生们之前的定量研究训练不够充分；另一方面，国内社会科学方面的研究传统曾经一度以定性研究为主，留学生们的思维习惯也已经养成。在面对这样的问题时，留学生们主要依靠从同学、同事、指导老师处获得帮助来适应。

[**案例四**]　SSRI（社会科学研究中心）有很多关于研究方法的workshop，讲得非常好，不像社会学系，什么活动都没有！你看你们多幸运，听这种讲座很方便。我一般都会在网上留意这样的讲座，来了听听很有帮助。上次这里讲使用EndNote，我听了之后回去整理自己的东西时觉得挺好用的。上个学期讲过定性研究软件的应用，它可以将定性研究的数据数量化，用起来规范很多。社会学系老师的研究都是定量的，如果能学会几个软件，参与研究时还是挺管用的。这是一个适应的过程，也是一种适应的方式，用咱们的话来说就是得有话语权。想有话语权就必须得按照人家的套路来。

(二) 集中学业适应目标

通常意义上测量学业适应有很多标准，如功课适应状况、学习动机适应状况、教学模式适应状况、学习能力状况、学习态度适应状况和环境适应状况，等等。大多数情况下，留学生们并不能对上述所涉及因素均适应良好，她们会根据自己的实际情况和个人喜好选择其中几种作为主要适应目标。这样在短时间内，她们就可以集中精力克服一些学习适应中的不适。从受访女留学生资料中可以看出，教学模式适应和环境适应是她们最看重的两个学业适应目标，如表 4-1 所示。

表 4-1　学习适应目标选择

学业适应目标	功课适应	学习动机适应	教学模式适应	学习能力适应	学习态度适应	环境适应
重要程度占前两位的比例	57.5%	31.4%	68.6%	44.9%	37.0%	60.9%

教学模式的适应是留学生学习适应中比较看重的一个方面。该适应主要依靠学生与任课教师之间以及与自己导师之间的交流与沟通。美国相对灵活的教学模式和对于学生自主创新的要求对中国留学生来说是种全新的学习体验，特别是对在此攻读硕士及以上学位以及进行研究辅助工作的人。宽松的教学模式让很多学生在留学初期产生过相对的松懈和怠慢，但是在依靠自身的修正，主要是态度和认识层次上的调整后，透过这一宽松留学生们能够看到该教学模式对于学生创新的要求。

环境适应是继教学模式适应之后另外一个学生们看重的学业适应目标。笔者此处所讲的环境主要是学习环境，如学习场所、研究场所、学习中的互助和交流情况等。因为留学生大多不是本科生，所以不能入住学校内的公寓，她们一般会选择住在学校周围的公寓中，步行到学校中心即校车终点站的时间大概在 25 分钟之内。一部分留学生每天步行上学或者去研究中心，另外一部分留学生需要再次乘校车去往学习场所或者目的地，还有一部分留学生自己开车。D 大学是开放式学校，而且毗邻周围的贫民区，治安并不是很好，曾经发生多起抢劫事件，所以，很多留学生不敢在很早的时候，或者黄昏和晚上单独步行出门。但一些课程时间的安排给学生们的出行造成了不便，在受访女生中，有5人因为受到学习环境的制约而购买了汽车并考取了当地的驾驶执照。这样就可以随时出行，参加各种学术研讨和教学活动。

[**案例十**] 圣诞期间，D大学周围发生了一起小型抢劫案，凌晨1点左右，两名黑人用BB枪射伤了一名在学校附近路上行走的行人并抢劫财物，这件事情在学生中产生了强烈的反应。我就是在这个案件之后加紧考取了当地的驾驶执照。我们硕士的课比较多，很多小组讨论也都是安排在晚上，我住的小区saferide不去，有时候晚了就得搭别人的车子回来，但是如果赶上特殊情况，没有车搭就只能坐saferide到离我们那里最近的小区，然后再自己走一点路，还是很危险的，而且这样做本身也是不符合学校saferide管理规定的，很多司机发现我这种情况都不愿意接我或者会把我再送回学校。所以我就自己花钱挂在别人的车上并买了车险考了驾照，这样晚上如果需要出门可以借邻居的车，至少自己能开，不用麻烦别人接接送送的。

三、如何处理适应不能的情况

适应不能是每个到新环境中的个体都可能遇到的问题。其实，这是文化、个人能力、经济条件等各个方面与新环境之间的不融合所催生出的一种感觉。大部分中国女留学生都会遇到这样的情况，这种矛盾情形可能是瞬间产生之后就很快消逝，也可能是如影随形、挥之不去的。面对学业上的不适应，大部分中国女留学生都没有采取过分极端的行为，她们通过个人心理暗示、找其他出口宣泄或者是转移注意力乃至放弃先前既定目标的方式而尽量缓解不适应带来的焦躁、痛苦和烦闷。这与我们接受中庸和谐的教育有很大关系。大部分中国女留学生不会因为学习适应上存在问题而走向极端。

　　一方面，这与她们到此的家庭背景和留学身份有关。大部分出国留学的学生家庭都具有一定的经济实力和社会地位，所以出国留学的学生并不需要承载像国内某些大学生所面临的就业压力和生活压力。她们很多人将出国留学作为一种经历，并不一定将这种经历与今后的生活挂钩。以体验的心态学习，压力自然比美国本土那些以找工作和日后谋生为目标的学生小得多。所以，遇到困难也更容易看开、看淡，更容易自我安慰。另一方面是先入为主的自我宽容。因为她们一开始就以一个外国人的身份进入美国社会，所以，对一些可能出现或不可能出现的学习适应都已经有了预期。从一开始，很多学生就没有将自己与美国本土的学生放到同一个标准上进行考核和测试，所以，在适应点和适应度上都会自我降低标准，这样遇到不适应情形的机会本来就会因为标准的降低而减少，另外再加上个人对不适应程度的判断再次降低，所以，遇到不适应，中国学生也可以自己很好地化解和忽略。

（一）宽容适应，不做强求

　　有些中国女留学生会选择回避和自我宽容来进行学业适应。由于语言和学习习惯的不同，并不是每位学生都能够适应在 D 大学的留学生活。从主观初衷来讲，所有的学生都希望自己能够适应在此处的学习生活，但是，由于个人能力和学习专业的不同，对于一些学生来说，完全适应是不可能实现的，至少在其攻读学位期间不可能达到预想目标，因为，与其奋斗于永远不可能实现的目标，一些学生选择宽容自己，或者是将自己对于学业适应的目标进行改进，降低标准，以便自己达到该目标，或者是干脆接受自己目前的状况，不再考虑如何进行学业适应。

　　在美国攻读硕士学位从某种程度上说比国内简单，一些专业甚至不需要学生完成类似于国内学位论文的学术总结，学生们只需要拿够学分，就可以领取到毕业证。一些学生看到学校政策规定的宽松性，仅仅将获取所需学分作为自己的学业适应目标，无形中降低了压力，若学生们发现不能在学校规定的期限之内取得所需的学分，她们还可以延长自己的学制，这样可以用更多的时间完成工作，工作量不变，工作时间增加，工作效率就可以降低，这样能降低学业适应中的不适应感。

（二）灵活应对，做两手准备

一些在美国攻读硕士学位的学生是在国内攻读完一年的硕士学位之后办理相关手续再修读另外一个学位，如果这样的学生在修读完美国的学位之后，还可以回国继续攻读国内学位，那么该类学生在 D 大学的学习压力会低于其他学生，因为她们还有其他的次优备选选项，所以，她们会将在此处的学业适应作为生活适应或者是生活体验的一部分。

小 A 是国内上海某大学金融专业的一名硕士学生，现在在 D 大学攻读管理信息工程专业的硕士，但是她并没有放弃国内的学位，而是办理了一年的休学手续。在 D 大学获取学位之后，她还将回国继续攻读金融学专业剩下的一年学位，这样在两年之后，她可以获得两个硕士学位。小 A 坦言，在 D 大学的学业适应仅仅是对于语言和生活适应以及思维适应的一个延续，并不对学业本身寄予过多的希望。在 D 大学获得的学位并不会作为其今后寻找工作的敲门砖，或许在今后的工作中会对个人思维、行为方式有影响，但是学业本身并不是主要的方面。

[案例五]　我到这里来本来是没有什么学业压力的，因为是由国家资助的，而且不用在这里拿学分，来了仅仅是和导师做项目，并不用上课或者考试，本来以为学习上应该是不会有什么问题的。但是，实际上这是我遇到的第一件麻烦事，也是最先需要解决的一件事。不瞒你说，在国内我基本上没有因为要完成导师交代的任务而那么卖命的，我记得在这里第一次和导师谈话之后，他让我找一些资料，4 天之内搞定，开始我没有多想就答应了，后来找起来才发现，麻烦着呢。先是要找一些中文的东西，因为我以前也不是学这个专业的，所以对这个本来就不是很熟悉，又是第一次给导

师做东西，所以还是下了很大的功夫。我记得当时他规定的是周四交，我周三晚上搞到凌晨2点多，还是没有弄完，实在不想搞了，就说，自己这是图什么啊，在学校也没有这么受罪过，所以就没做了，上床睡觉了。第二天一早，7点就爬了起来，我记得很清楚，因为那个时候我房间还没有开通网络，所以得赶到学校去上网。本来打算跑到图书馆去的，走到 French building 时实在累得不行了，就在那里的一楼找了个地方坐下来，不停地在那里翻译，脑子一刻都没有停，我感觉自己好久没有那么专心过了，大概搞到中午11点，实在不想弄了，有一个部分干脆就删了，心想，反正这个事情也没有人做，我做成什么样子就是什么样子，然后合上电脑后坐车赶到办公室。但是还是不想就这样交给导师，怕自己写的东西丢人，怕导师看不起，怕他觉得我英语太差，所以，下午自己又看了一遍，后来实在忍不住了，大概4点的时候发了一封信给导师，了却了这桩心事。后面又陆陆续续地做过三四次这样的事情，因为这里的写作思路和研究思路要求都和我以前在国内的有点不同，而且是用英语写，所以我很是纠结了一段时间。我导师是这个领域的研究先驱，我在这里潜移默化地感受到了很多他们整个团队的研究风气。我觉得自己的差距很大，不论是在研究方法、研究能力还是本身的研究意识上，这里的人都是工作的时候卖命工作，工作时间根本不谈什么私事，他们的科研很多时候会用到统计和数理工具，这些都是我不熟悉的，每次看到这些研究的时候我就觉得有点懵，心里慌慌的。这个时候就对自己说，每个人都得经过这样一个过程的，过去了就好了，所以我倒是没有觉得苦，只是不停地自我安慰。现在我感觉比以前好了很多，语言比以前熟悉了很多，其实学术上面的语言比较简单，如果仅仅是看一个固定的领域，其中的语言其实是挺单调的，大概看三五篇就会有个初步的印象，看完十几篇，对于其中的专用语言就比较熟悉了。而且我在写东西的时候大部分时间是需要将中文内容翻译成英文的，所以，那个时候我就尽量用自己以前经常用到的词和句子结构，用多了就熟练了。而且，很多东西如果是导师研究过的，想扩展和中国化，那么就直接找导师文章当中的原句，然后进行简单的删减和修改就行，这样写出来他看着也舒服，我也省事。另外还有就是要多揣测导师的写作风格。我发现我导师喜欢用某一种类型的表格，所以，我给他写的东西就都用这种类型的表格，这样他看着就会比较顺眼，对我的印象就会好很多。现在将近三个月了，基本上适应了，不过想抽出时间来学学统计，想学习一个统计软件，这样以后回国后也能用得上，现在用数理工具进行分析是文科的趋势，一点都不会恐怕是不行的。

不适应是肯定有的，看你自己怎样想了，我觉得还行，不要太为难自己。也许是和我的身份有关系，反正不用考试，压力也就没有那么大了，尽力写吧，如果实在写得不行那也就只能认命，是自己的能力不行。我有的时候也会和周围的同学一起发发牢骚，他们特别是那些过来读学位的人都有过这样一个过程，你看，大部分人都有个录音笔，刚来的时候也是上课时不能完全听懂，所以就只能用录音笔录下来，然后回去再慢慢听。他们好像也是经过了这么一段时间才好的吧。

我去听过几次这里的课，很多中国学生现在的英语都感觉还不错，我估计他们刚来的时候也就那样。学术上的英语是个熟练工种，用得多了自然就行。我周围很多人，学医学的，英语说得很差，但是他们都在国外的杂志上发了很多的文章，我后来发现这些人写学术文章都是有套路的，而且他们理工科的文章语言上的要求本身就比较简单，即使是英语国家的人写起来也就是很简单的几句话，没有什么过多的渲染。

学习主要还是要看自己，只要有恒心，坚持熬过一段痛苦的时间，剩下的日子就好过了。

[**案例二**] 我现在真的不知道用中文怎么讲课，怎么写东西，我真的不会。当时在上海的时候，我们的几门专业课、主干课就是

用英语上的，所以我来了之后很快就进入了学习状态，没有太多的不适应。我读硕士的时候见导师的机会很少，他是这里非常有名的教授，平时非常忙，而且有很多事情要做，我都是由一个博士师兄带着的，我大概一个学期能见导师一两面吧。所以我考博士时才选择了这位导师，他本来就很年轻，为了能评上终身教授，他也是在不断地努力，他能不能评上其实要靠我，因为我读书这五年恰好也是他要出成果的五年，所以我的压力比较大，必须得出成果。不过我觉得我很幸运，因为我师兄帮我少走了很多的弯路。我这半年做的事情别人可能要用一年才能完成。我做实验的时候都会和他（师兄）商量，他的专业能力很强的，如果他觉得不可能实现就会直接告诉我，说不可能，让我不要做，这样我就能省很多事情。他有时候会告诉我这样设计是不对的，要怎样怎样，因为他做过相关的研究，而且他的学术水平是我们实验室最牛的，他也是我导师指导的第一个博士，所以，我做什么事情都会和他商量，加上我们俩是实验室仅有的中国人，所以交往本来就比其他人多。

[案例三]　我不用去上课也不用通过考试来修学分，所以谈不上什么学习适应。传播学专业在 D 大学没有，我本来打算去UNC 听课的，结果也没去。时间就这么过了。我在这里主要就是写了自己的毕业论文。也没有具体参与这里的项目，因为这里的导师的课题是和我的毕业论文相关的，所以我就写写我的论文就行。不过现在写得不怎样，每天都不想写，也不知道写了些什么东西，想着就烦，我也没有找工作，回去还得找工作，就准备找个学校待着就行了。反正下个月就回家了，回去再找时间写吧。

[案例四]　我每天都在图书馆，有时候林先生有课就去听听，还有就是每周三有个工作坊有活动，会去参加一下，就这样。打算在这里发篇文章。我在系里有个办公室，就我和另外一个美国人共用，我只见过他一两面，就是打个招呼，我也很少去

那里，一来是太远了，二来条件也不如图书馆好。我基本上都在
图书馆三楼，看看书，写写东西。林老师一般也不会找我，我自
己干自己的事情。

第三节　生活适应

　　生活适应是留学生各项适应中囊括范围最广、内容最多的一项。生活适应贯穿于整个留学生活，生活适应的内容随着留学生赴美时间的长短而各有不同，生活适应所需要达到的层次也并没有标准可言，很难说究竟达到怎样的程度才算是在美生活达到了适应，所以对于留学生的社会适应中生活适应的研究主要以留学生本人的主观感觉为评价标准，只要留学生本人感觉到在 D 大学的生活是舒适的、安全的、满意的，那么就可以说他们的生活适应是好的。本书在研究中主要以女留学生本人的感觉为主，不过多参考其他客观环境的克服和约束。通过调查，笔者选择语言适应、身份认同、社会参与和休闲安排作为考察生活适应程度的几个维度。

一、语言适应

　　语言适应贯穿于整个社会适应的全过程，作为工具性的语言，无孔不入地贯穿于留学生生活的各个方面，故此将其单独拿出来进行讨论。笔者在采访中国女留学生的时候，也会不可避免地和一些男留学生打交道。通过平时的观察发现女生的口头语言表达能力普遍强于男生，但是在具体的阅读和书写方面，二者旗鼓相当，男生有时甚至会更胜一筹。在对在此攻读学位的学生的 GRE 成绩进行统计时，笔者发现，男生和女生之间的分数差距不大，总体上，男生的 GRE 成绩要好于女生；商科、法学、专业的学生成绩要好于生物学、化学等学科学生的成绩；文学和社会学专业的学生成绩居中。在社会交往方面，经济学、社会学学生的人际交往范围广于生物、医学和化学等学科。

女生的语言表达能力强于男性，在语言适应上，也有其独特的适应途径和适应方式。

(一)购物场所的语言练习

女生喜欢购物，在国外也一样，即使是在交通不方便的情况下，女生们基本上每个月都会找机会去学校附近的商场购物，在购物过程中，大家都喜欢同导购聊几句寒暄一下，这个过程本身就可以增加更多的交流机会。有些女生在购物之前，为了能够更好的描述自己的需求和与导购进行互动性的交流，会提前对自己的购物场景进行预习，预习的内容包括购物时可能使用的词汇，以及在与导购交流的过程中有可能出现的情况的应对措施，等等。这样的过程是一种带着问题去学习的过程，学习效果要好于仅仅依靠课本或者教材学习。该语言适应方式是一种通过日常购物形式对生活环境和生活细节进行磨合的过程，在此不仅能够锻炼语言能力，还能够了解美国当地的生活状况和购物习惯，是一种很好的适应过程。通过购物，女生们可以体会到愉悦感、舒适感和满足感。这种感觉不仅仅是因为购买到了称心如意的商品，更重要的是在购物过程中伴随着语言交流所体会到的一种内心的愉悦感以及成功购物之后的主观肯定感。

[案例五]　我基本上每隔一个周末就会出去逛街，因为自己没有车，所以都是搭人家的车，时间上就没有那么确定了，但是，一般情况是不会有问题的。去商场买得最多的是护肤品。美国这边大牌护肤品都比国内便宜很多，而且这里买东西可以退还并且可以拿到很多小样。当然，这取决于导购当时的心情和你砍价的能力，所以，我去之前都会将要买的东西的英文说法查好，将一些需要问的问题提前准备好，去了之后就能够清晰地表述自己的需求。如果你表现得比较在行，那么导购就会给你服务得更加到位，因为他不

敢糊弄你嘛。还有，你多和导购聊聊天，她们心情好，会给你很多的小样。这些小样在国内一样需要收钱的，所以，我每次去都会和导购很热情地聊天攀谈。而且我特别喜欢和年纪比较大的导购打交道，因为她们有耐心，说话也很慢，脾气好，容易讲话，有时候你和她们聊得投缘，可以得到很多的东西。有时间的时候我挺喜欢和她们聊天的，既练习了口语还能了解她们的一些生活情况，比如资生堂专柜某个导购的丈夫去世了，雅诗兰黛专柜某个导购住院了，等等。

[案例一]　我特别喜欢去 NORTHSTOM 的娇韵诗专柜买东西。基本上我的娇韵诗的护肤品、化妆品都是在他那里买的。我每次都和那里的导购聊天，因为我本身就喜欢和他那种类型的黑人男性聊天，觉得很有好感。现在熟悉了，每次去买东西他都会和我闲聊，还会送我很多东西，上次我去买睫毛膏，因为我眼睛总是会晕妆嘛，本来打算再买一个他家的"小雨衣"，不过他说不用买了，将这里试用的样品送给我就行，这个东西只要一点点就能用很长时间，所以我白拿了一个，虽然是用过的，不过无所谓，都一样。

一些女生从日常的购物当中得到了实惠，所以更加激发了她们与店员进行交流的积极性，当她们发现自己在交流中能够正确表述自己的时候，她们就会萌生出语言表达上的自信心，越有自信就越愿意与人交流，同样，越交流就越能够提高语言能力，这样的良性循环对留学生的语言适应起到了积极的作用。

(二)专门的女性座谈活动

D 大学有专门针对女性的各种座谈会和活动，参与主体为学校内的女性，不限教师、工作人员或者学生。学校经常会有针对女生的各种讲座、工作坊和圣经学习会等。

据笔者观察，座谈会或者讲座的内容多与校园生活有关。如涉及介绍 D 这个城市的风土人情和自然环境，推荐适合购物和休闲的娱乐场所，以及有特色的餐厅、电影院和咖啡厅。同样，也包括一些女性感兴趣的话题，如性别歧视问题、女性社会角色变迁问题、家庭成员角色变迁和女性社会参与，等等。而在圣经学习中，根据组织者的不同，可以分为专门针对中国女留学生的圣经学习会和国际性的圣经学习会。专门针对中国女留学生的圣经学习会都是由中国女留学生组织的，讲演者90%以上都是中国人，讲授过程中使用中文，内容主要涉及圣经中的故事、其中蕴含的人生哲理和基督教对于圣经内容的诠释。圣经学习会的参与者并不仅限于基督徒，据笔者观察，超过80%以上的参与者都不是基督徒，大家参与到圣经学习会中很大程度上是为了扩大自己的交际圈，更多地认识周围的人，提高自己在此的生活适应程度。国际性的圣经学习会组织者可能是 International House，也可能是个别的个人，但是大多数情况下还是以一定的组织出面进行组织为主。学习的参与者是来自于各个国家的留学生。教授和交流内容虽然与专门针对中国女留学生的圣经学习会一样，但是，使用语言以英文为主，教授者多数是能够熟练使用英文的牧师或者基督徒。同样，参与其中的中国女留学生大部分也并非基督徒或者对基督教有虔诚信仰者，参与类似活动的学生一方面想通过这种活动更多地结识其他国家的人，了解更多的国际人文风俗；另一方面，也是想借此机会锻炼自己的英语水平。有学生坦言，通过参加这样的学习活动，英语中"听"和"猜"的能力大幅度提高。

[案例八] 我是出来之后才开始有信仰的，我经常参加这里的圣经会，觉得这样的形式很好，可以学习到一些在国内没有接触过的东西。不过我家里也有人是基督徒，所以我对宗教并不排斥，这也是我积极参加圣经学习活动的原因。教会的人都是很 nice 的，能帮助你的时候他们都会提供援助，而且会很无私。有时候在圣经学习会上会认识一些其他国家来的人，大家都是留学生，有时候还会组织一些活动，因为是女生的圣经学习会，接触到的也都是女同学，可以说的事情也多，我觉得挺好的。我们还一起组织活动，去

了大雾山和周围的海滩，人们相处得都挺好的。这种性质的聚会让我有很多机会了解美国社会，还能认识一些其他国家的人和美国本土的学生。

(三)各种午餐会

美国学校没有午休时间，很多的学术研讨会都是在中午时间举行的，一方面是本土美国人本来就没有午休概念，从上午9点到下午5点除了吃饭时间都是工作时间；另一方面是可以将午饭时间利用起来办事情，所以午间研究会有很多，特别是有一些形式较灵活的讨论会都是在午间举行，这样的讨论会以提供午餐为契机吸引旁听者和参与者。大部分学生出国学习过程中都会自己携带午餐，很多女生有时候觉得携带午餐是很麻烦的事情，就会在学校网站上搜索各种提供午餐的研讨会，然后报名参加，有了参与资格之后，就可以少带一次午餐，减少一次"麻烦"。虽然也有很多中国男性留学生也参加过类似的午餐会，但是，大部分男生反映，外国的午餐吃得太少，就是一块披萨还有几片蔬菜叶，他们觉得吃不饱，也不好只是吃而不参与谈论，如果在午餐会上吃过之后再去厨房热自己带的菜，又觉得很麻烦，所以干脆不去参加。女生们则不存在这样的困扰，所以她们有更多的机会参加讨论会，锻炼自己的语言水平，提高语言适应能力。

二、身份认同

有学者将身份认同看作是一个高度整合的学术研究领域，其中所涉及的多个学科之间松散的联系，并无统一的研究范式和研究思路，研究者可以仅仅将其看作是一个"问题域"。

在社会心理学界和政治心理学界的研究中，存在由结构主义向建构主义转变的发展路径，形成了符号互动理论、群体冲突理论、社会认同理论、边界运作理论(刘欣，2003)。

　　符号互动理论认为，自我的本质是社会过程，是社会的产物，为社会所共享的符号是自我产生的必要条件。自我身份主要是通过游戏、玩耍、角色扮演以及与他人的互动而形成的（米德，1999）。Eriksen 认为人类的群体认同主要有两种形态：即客体下的我群和主体下的我群。前者是基于与"他者"的比较，即通过自身与他者的区别乃至于对立而产生对"我群"的忠诚，后者即是基于集体共享活动而产生的内部的凝聚力（Eriksen，1995：427-436）。

　　群体冲突理论的中心假设是"群体利益的实现是冲突导致群际冲突"（Sherif & Harvey & White & Hood，1961）。该理论认为身份认同的研究需要高度关注显示利益及围绕利益而产生的冲突性事件（Sherif & Harvey & White & Hood，1961）。

　　社会认同理论将社会认同和身份认同相区别。人们将以其群体成员资格来建构的身份称为社会身份，而依据个人的个性、特质而建构的身份称为个人身份（Hogg Fielding & Johnson & Masser & Russell & Sevensson，2006：335-350）。人们在特定情境下会把自己归入何种社会身份，主要取决于三个因素，一是可及性或者说可接近性（aceessibility）。一个社会类属的可及性是指它是否容易在某一处境下从记忆中提取出来使用，也即由潜伏状态转入待命状态。可及性较高的社会类属，通常是人们惯用的类别，也是与人们的目标、利益、思考图式和生活经验有关的类别。二是对比适用度（comparative fit），即某类别是否能适当地描述在当时当地出现的人物的客观群际对比。待命状态的社会知识，在面对问题情境或任务时，可能匹配，也可能不匹配。只有匹配或吻合的知识才会被应用，亦即具有可用性；那些与情境不吻合的知识，即使被激活也不会被应用。一个对比适用度高的社会类属，被采用的几率较高。譬如，当城市公办学校与进城务工人员子弟学校进行联谊活动时，城市儿童与进城务工人员子女这一对社会类属就比男生与女生更能够与情境相匹配。三是规范切合度（normative fit），即某类别能否适当地描述参与互动的人在行为期待上的不同。一个规范切合度高的社会类属，被采用的机会也较高（赵志裕、温静、谭俭邦，2005）。

边界运作理论认为与其在与主体所在的两个既有社会实体之间寻找边界，不如从边界本身出发，研究人们如何从边界中创造出实体（Abbott，1995：857-882）。边界有社会边界、符号边界之分。只有当符号边界得到广泛的认同，并且能够扮演一种限制性的角色时，它才能够转变成为社会边界。公民身份是一种强有力的社会边界。

（一）"局外人"身份认同

笔者所访谈的所有女生均将电脑看作其生活、工作和学习中不可获取的重要工具。电脑的作用除了处理所谓的"正经事儿"之外，还是学生们日常生活中了解世界、了解社会以及与外界接触的主要平台。学生们通过浏览各种网页了解其所关心的社会主体和其他社会信息。笔者在访谈初期并没有将被访者浏览网页的内容作为研究对象，后来在与最初几位受访者交流的过程中，发现她们总是会提到在网上又看到了什么东西，网上又写了什么东西，等等，而且学生们所看、所关注的主题具有一定的相似性。因此，笔者将学生们关注的网页进行了归类，发现中国网页、中国信息是她们主要关注的内容。在被访对象中，仅仅有三位学生能够坚持每天浏览《纽约时报》的网站，但是所有的学生都会浏览自己的收藏夹或者常用网页中储存的中国网站，例如腾讯网、新浪网、未名空间，等等。笔者问及她们为什么还是将关注精力放在国内的各项信息中，而没有投入更多的精力关注美国社会时，她们坦言美国社会的发展与自己的关系不大，另外，笔者对她们关注的美国社会信息进行了分析，得出了以下统计数据，如表4-2、表4-3所示。

表4-2　中国网站的关注内容统计

	娱乐	时事	体育	天气	八卦	学术
出国前	84.61%	53.84%	15.38%	61.54%	76.92%	38.46%
出国后	69.23%	76.92%	15.38%	38.46%	84.61%	30.77%%

表 4-3　美国网站的关注内容统计

	娱乐	时事	体育	天气	八卦	学术
出国前	53.84%	38.46%	20.08%	23.08%	23.08%	46.15%
出国后	61.53%	57.69%	30.77%	53.84%	53.85%	61.54%

　　学生们在美国学习期间对于国内网站的关注内容有变化的仅仅是天气、学术和其他方面。因为在外地，国内的天气变化与自己的关系密切程度明显降低，所以，学生们对于国内天气的关注度减少。娱乐新闻、体育新闻和八卦类内容的关注度基本没有变化，仅仅是稍有降低。因为女生们即使在国内，与明星和各界名人见面的机会仍旧很少，距离感并不会因为在国内还是国外而有所不同。对时事方面的关注度反而增加了，这可以解释为学生们因为身处国外，反而更加关注自己国家内部所发生的一些事情。有学生坦言，来之前很少关注什么国内"两会"，或者政治活动等新闻，出国之后，因为发现自己研究中心的人对中国问题很关注，经常会被问到一些自己完全不知道的东西，所以才开始关注国内发生的一些时事。一位学生还说，自己在 D 大学的导师是个中国迷，前一阶段中国发现了曹操墓，他每天都会追着自己问究竟曹操墓当中会有什么，具体的挖掘过程是怎样的，他还对各种相关的历史知识都很感兴趣，所以，自己也不得不开始关注这些以前不怎么关注的国内时事新闻。学生们对国内学术方面的关注相对于出国之前有所减少。一方面是因为在此更多的是关注自己领域 D 大学的研究成果和自己导师、自己所处团队的研究成果；另一方面是因为精力有限，不能考虑周全，所以，对于国内学术方面的关注不像来之前那么多。对于美国网站内容的关注变化也很有可研究之处，对相关学术内容的关注普遍增加。这是出于到此学习、工作的需要，不得不更多地关注英文学术成果，所以，对国外网站的学术内容的阅读量、阅读时间和收集次数均有显著增加。对美国社会八卦的关注有所增加，但是关注程度仍旧不及对中国社会八卦的关注度，对美国天气特别是当地天气的关注显著增加，这是因为与自

身的生活息息相关。对于美国社会的时事关注仅仅有小幅增加，此处即可看出即使学生们生活在美国社会，但是个人的身份认同感仍旧欠缺。学生们仍旧是以一个"局外人"的身份进入到美国社会中，群体身份感欠缺，仍旧保持与社会的距离感，没有明确的个人身份认同。

（二）对自我生活社区发生事情的认同

在 D 大学读书的中国留学生大多集中居住在学校附近的几个中国人比较集中的社区。小区中大部分居民也都是 D 大学的学生或者工作人员。作为以租住户为主的社区，人员的流动性很大，邻居间的相互交往也较少。人员的杂乱性增加了社区中突发事件的发生几率，加上 D 大学周围还有针对穷人的政府集中安置区，治安相对较差。

在对受访女留学生进行采访的过程中，笔者问及她们对于自己所居住社区的关注度时，大部分人坦言，最关心的是安全问题，往往都对突发事件比较关注。若出现抢劫、伤亡或者少量的盗窃时，学生们才会认识到自己的社区成员身份，会产生一种岌岌可危的感觉，会加强对自身生活的各项防范，但是，若谈到本身的社区建设，如参与社区活动或者是为社区服务时，学生们普遍表现出非社区成员的身份。她们觉得自己多半是这里的过客，内心难以产生一种归属感以及集体奉献意识。笔者问及她们当时在国内对于自己居住社区（大部分受访对象是居住在学校学生公寓）的态度时，她们还是认为，那个时候将自己看作是社区的主人，如果自己所在的学生宿舍获得什么荣誉称号或者自己所居住的小区号召人们捐款捐物时，还是会以一个主人的身份去参与其中。

因此，可以看出，在身份认同上，在 D 大学留学的中国女生仍旧没有基本的社区身份认同，仅仅关注私人事件，只有当社区环境有可能对个人生活产生不利影响时，才会关注个人的社区身份。

三、社会参与

社会参与是指参与社会的经济、政治、文化、教育等各个领域的交往，不断获得社会交往的机会和资源，实现社会关系普遍的、全面的发展。本书将社会参与分为政治参与和经济文化参与两个维度进行考察。

(一) 政治参与

表 4-4　对美国政治性社团和组织活动的态度

态度	人数	比例
积极参与	1	约 7.70%
参与但不积极	3	约 23.08%
不参与	6	约 46.15%
其他	3	约 23.07%

如表 4-4 所示，在对美国政治性社团和组织活动的态度上，只有 1 位学生表示自己是积极参与的，占所有受访学生的 7.70%；参与但不积极的有 3 人，占受访学生的 23.08%；不参与的有 6 人，占受访学生的一小半，达到 46.15%；其他说不清楚或者不愿意回答的有 3 人，占到 23.08%，和参与但不积极的人数相同。因此可以看出，总体而言，学生们对于美国社会政治的关注并不多。

如表 4-5 所示，在对美国时事政治的关心程度上，表示自己经常关心的只有 1 人，占到总受访人数的 7.14%；偶尔关心的有 8 人，占总受访人数的 57.14%，不关心的有 5 人，占总受访人数的 35.71%。对美国时事政治关心的学生往往关注与中国有关的时事或者是美国社会中媒体炒作较多的时事。

如表 4-6 所示，在对美国各种问题的关心程度的调查中，认为社会问题是其最关心的问题的有 7 人，占总受访人数的 53.90%；认为就业问题是其最关心的社会问题的有 7 人，占总受访人数的 69.23%；认为社会治安是其最关心的社会问题的有 7 人，占总受访人数的 53.90%；认为贫富问题是其最关心的社会问题的有 6 人，占总受访人数的

46.51%。认为教育、医疗问题是其最关心的问题的有 7 人，占总受访人数的 53.90%；还有对其他社会问题较关注的有 2 人，占 15.38%。由于笔者的调查目的只是为了了解学生们关心社会问题的现状，因此此项调查并非单选题，所以有学生选取了多个备选项。总体来说，社会治安问题与教育、医疗问题以及就业问题是女留学生最关注的社会问题（李玉雄，2008：145）。

表 4-5　对美国时事政治的关心程度

态度	人数	比例
经常	1	约 7.14%
偶尔	8	约 57.14%
不关心	5	约 35.71%

表 4-6　对美国各种问题的关心程度

问题	人数	比例
社会问题	7	约 53.90%
就业问题	9	约 69.32%
社会治安问题	9	约 53.90%
贫富问题	6	约 46.15%
教育、医疗问题	7	约 53.90%
其他	2	约 15.38%

（二）经济文化参与

经济文化参与方面，学生们对于美国社会文化活动的参与多局限于学校内或者学校间的经济文化活动，并没有过多地参与到美国社会当中。学校中的经济文化参与也仅仅局限在与学校社团活动相关的社会参与，除了通过教会组织脱离学校、参与个别社会互动性活动外，笔者所调查的受访对象对于美国社会的经济文化活动的参与性不强。

四、休闲安排

看一个人的社会适应性如何，要看她的社会网络的结构、连接和功能如何，休闲时间的安排是一个很好的评价指标。休闲时间如何支配、休闲时与什么人进行怎样的交往、休闲时间在日常生活中的比例都能够反映一个人的社会适应程度。社会适应程度高，社会网络结构就越稳定，连接就越紧密。

(一)休闲与社会网络的结构

传统意义上，将休闲时间定义为剩余时间、闲暇时间等，即人在闲暇里的时间。在西方，"休闲"这个词最早出现在希腊文学中，在希腊语中，"学校"(sholeío)一词就是指休息、休闲和教育等闲暇活动。目前在学术上通常从时间、活动、状态、心理等角度来考察休闲，综合而言，可以将休闲定义广泛地概括为：休闲是人在闲暇里的状态，是人们在闲暇里的各种活动的总和(描述性概念)，是以自身为目的地的自由行为(专业性概念)，并在这些活动中获得过程性快乐(实质性概念)(李仲广，2005：3)。如表4-7所示。

表4-7　关于休闲的定义①

理解休闲的角度	不同角度的休闲定义	具体解释	词性
时间角度	闲暇	指一段自由时间	名词
状态角度	人在闲暇中	可以自我决定的存在状态	名词
行为角度	以自身为目的的自由活动	放松、娱乐和个人发展等活动的总和	动词
心理角度	追求过程性快乐	感到自由、轻松的心理状态	形容词

---

① 表格引用自李仲广：《闲暇经济论》，东北财经大学 2005 年博士论文，第 3 页。

休闲时间的分布与安排，能够反映出受访者在此的社会网络的规模、社会网络的密度和社会网络的组合程度。社会网络规模较大的人，往往由于构成其社会网络的结点成员人数多、成员之间异质性大、彼此之间的交往选择数量多而具有多样性的休闲时间分布。留学生在此生活适应的测量指标之一是其在此的社会网络规模。社会适应较好的留学生，社会网络中不同地位的群体总数高，留学生休闲时间可支配的选择即多，她们可以在众多备选项中决定自己最想拥有的方式。在休闲时间支配和休闲项目的选择上拥有自己的主动权。相反，如果留学生在此的社会网络结构单一、规模小、密度低且成员间同质性强，那么，留学生可选择的休闲方式就相对有限。同质性高的群体之间的高相似性约束了群体内部人之间交往空间的扩展和交往种类的增加。

中国学生之间具有难以克服的社会网络交流障碍，这就是过分紧密联系的中国人圈子。在异域，来自同一国家的人之间的共同点不论如何都会多于其他外国人。因为工作、学习时间和内容的相对不能选择性，同质群体之间的相互联系和制约相对较少。但是，灵活机动的休闲时间和休闲方式受同质群体的影响较大。休闲时间作为放松身心的专门时间，在使用和选择上有很大的随意性和机动性。留学生不经意之间的选择最能够暴露出其社会网络结构。

[案例五] 我不想总是和中国人进行交往，并不是由于我不喜欢中国人或者是我看不起我们自己。绝对不是！只是我想，如果我在美国还是每天和中国人腻在一起，那么本身又有多大的意义呢？我在这里的时间不多，只有一年，我想在这里真正地了解美国社会，我想知道美国社会究竟是什么样的。如果这样，就必须和美国人或者至少是外国人交往，否则怎么可能知道呢？中国人之间在一起，确实会有很多的共同点，至少语言上不会有什么障碍，而且有很多事情一说就清楚了，不用比划解释半天，但是，这些事情在国内做和在国外做有什么区别吗？在这里的中国留学生都是很相似的，大部分是在国内名校读书，或者是国内学校的老师，除了个别

企业或者医院等其他单位到此处做交流的人，这里中国留学生的国内生活经历有很多共同点。大家在一起很快就可以找到共同的话题，侃起来是方便很多，但是，我觉得在这里做这些事情没有什么特别的意义。我并不是说这样的交往不重要，相反，很重要。比如说，你想买菜、做饭，你想去超市，哪一样不需要中国人帮忙？没有中国人的帮助，很多时候寸步难行。但是，如果想过一些特殊的生活，想有一些特殊的经历，就必须去和新人打交道，做新事，有新经历。我和很多中国人聊天，发现很多时候，她们都没有机会去了解美国社会。出来一段时间，回去还是一样，没有什么特别的变化，不论是思想还是语言或者其他方面都没有什么变化，我觉得挺不值得的。其实这些人在国内混得都还不错，出来也是要吃一些苦，我个人认为应该有所收获，不然这一年都白待了。我会有事没事地找一些外国人聊聊天，和她们一起吃吃饭，或者参加一些party 什么的。刚开始，你不能把自己当成领导者，得接受被领导的现状，这样别人会觉得你可以接近、容易交往，才会和你继续联系。我挺幸运的，我们研究中心中国人很少，其他几个外国人都是很和善的那种，他们也都愿意和我来往交流，所以我机会挺多的。不过有点遗憾，和我玩得比较好的那两个意大利人回国了，我就少了很多和其他国家的人联系的机会，因为其中那个意大利男生很喜欢参加一些社交活动，所以他认识很多其他国家的留学生，我以前会跟着他参加一些留学生之间的小型聚会，有法国人、德国人、智利人、印度人还有一些其他国家的人，聚会本身挺单调的，不过和这些人在一起聊聊天、互相交流一下很好。因为都不是英语国家的人，但是因为有相似的语言传统和文化传统，所以他们的英语还不错，比我强，但是说得都不快，我们在一起基本上都能互相理解和听懂，挺好的。现在想想还有点遗憾。他走了之后那些人也和我联系过，不过没有中间人，再加上我没有车，交通很不方便，所以来往也就少了。

[案例三] 我平时业余生活挺单调的，一般都是看电影，就是在网上看。我是属于比较宅的那种，即使是在国内也不怎么出去和人交流，喜欢待在家里。所以在这也是一样，认识的人也不是很多。我没事的时候就看电影。就这样，做饭也只是对付对付，能把自己喂饱就行。我本来就是居家的那种人，也不喜欢参加社会活动，觉得在家里待着挺好的，就喜欢自己做事。

[案例一] 我们平时忙，你看你多好，可以和那么多人一起玩。我认识的人大多是博士，一开学就和我一样忙。如果都有时间就一起出去吃个饭。这个学期系里来了两个美国帅哥，我还挺感兴趣的，人都很干净清爽，看着舒服，不过聊了几次发现，他们两个都是gay。我也挺奇怪的，为什么看着顺眼的都是gay？我以前在威斯康星的时候，也认识几个不错的人，后来发现也都是gay。

(二) 休闲与社会网络的连接

留学生在安排休闲时间的时候，喜欢找能够完全放松身心的方式，与自己熟识的人共同度过休闲时间是常见的形式。在人员选择上，社会网络的连接有相当大的影响。网络成员间联系强度高，那么彼此之间在需要陪伴的时候，最先想到的就是对方，网络成员组成若呈多元性，那么休闲时可选择的陪伴对象就会呈多元性，每个群体成员都有其特征，这些特征会表现在行为举动和思想方式上，与不同种类的人进行交往，彼此之间会影响休闲时间的安排形式。关系稳定、交往持久的人之间容易形成默契，在保持交往高效的前提下还能减少交往成本。人在自己有任何需要时，会无意识地想到与自己交往时间较长的人，因为按照中国人的信任产生逻辑，我们同西方人相比，是在交往中逐渐建立人与人之间的信任的，而不是依据对方的身份先入为主地产生信任，所以，对信任的人，在交往过程中，交往者之间会产生安全感和心理愉悦感（郑也夫、彭泗清，2003）。休闲时间作为身心放松的时间，彼此信任者可共同度过。在休闲时间的安排上，共同度过者都需要出谋划策，虽然每个小的群体当中都会存在领导者和追随者，但是所有成员之间都需要从中得到收获，否则群体存在的持续性就会大打折扣。在一起打发休闲时间的人通常会协商决定时间的分配，如果参与者之间都能提出具有建设性和吸引力的建议，不断创新，那么其他成员就愿意维护这样的社会网络。

中国留学生在国外的社会网络连接的同质性很强，与各个连结点之间的连接强度相对于其他西方国家的人要强一些。因为从小耳濡目染于国内人际交往文化，重情义、讲人情，在国外人际交往中同样具有这样的交往特征，尤其是中国人之间的交往更加明显。平时经常在一起工作或学习的人休闲时间和休闲方式也很相近。空余的时候都喜欢凑在一起，打发时间、放松心情。

(三)休闲与社会适应

通过对美国 D 大学中国女留学生的休闲时间和休闲方式的观察，社会适应状况不同的人之间的休闲方式有很大差别。社会适应能力强的人，休闲方式种类多样，休闲时间的安排可选择的余地多，休闲效果好。

经济适应能力强的学生，可以不考虑金钱因素对于休闲的限制，选择休闲方式的时候可以选择需要投入金钱比较多的那些。经济适应能力强的学生，生活方式与西方社会可以保持一致，在美国更加容易适应当地社会的生活方式。曾经有受访女生给我看过一篇她的博文，其中有这样几句话："我们所里有几个人特别喜欢中午吃完饭后出去喝杯咖啡，其实，中心的每一层都有厨房，里面有免费的咖啡，可是他们都觉得不够好，要去办公楼对面的咖啡厅喝。一开始，我觉得很纳闷，咖啡之间的差别就这么大吗，后来和他们去了几次，才发现，原来一方面，确实是去喝咖啡，另一方面，他们是在续午餐会的后半场。买了咖啡之后，找个地方坐下来，接着侃侃感兴趣的话题。在这种范围更加缩小的聊天中，才有更加有料的东西出现。刚开始，我还有点心疼钱，因为一杯大概要 2.5 美元，可是后来想开了，钱就是要花了才是发挥了它的作用，存着攒着有什么用？来了这里就得体验这里的生活，不然过来干什么?"这个女生是我的访谈对象中在此适应得比较好的一个,平日里经常会有当地人邀请她参加一些活动或是一起出去吃饭、参加 party。她的话道出了很多留学生经济适应的心路历程。从一开始的心疼钱,到后来看开、逐渐融入自己的工作群体中。这个女生的转变和认识过程就是经济适应对休闲最好的诠释。

心理适应同样与休闲有密切的连带关系。心理状态调整较好的学生,可以充分发挥休闲时间的功效,能够分清楚休闲与工作之间的区别,工作时的心态与休闲时的心态完全不同。休闲时间内留学生可以得到充分的放松,在工作与学习时间,她们又可以精力饱满地投入到工作和学习中去。心理适应差的学生,心理上始终受到各种强迫、人际敏感、抑郁和猜忌多疑状态的困扰,即使有专门的休闲时间和休闲空间,她们也总是不能够将自己融入其中。虽然并非主动和有意混淆工作、学习与休闲,但是她们始终不能使这三方的时间利用达到最高效率,从而影响其在美留学期间的生活质量。

[**案例一**] 我还是把 Mac 退了,太贵。我男朋友他们家刚在鸟巢附近给我们买了一套房子,他们家付了首付,我们负责一半的月供。我在这里一个月有 1750 美元,他有 1400 多美元,除去房租和平时花销,每个月我们支付 500 美元月供,钱挺紧张的。暑假很可能还没有钱,因为暑假不做事嘛,而且对于我们这种持有 F1 签证的人来说打工是非法的,我也不想端什么盘子,所以现在逛街不能乱买东西,一想到每个月要固定地还一部分钱,就有压力,不能像以前那么大手大脚的。我不想再向家里要钱了。我妈说:"你确定不用我帮忙?那我就不管了。"她自己在山东买了一套房子,她们几个朋友和我家里亲戚打算搬到那里去,反正不想在新疆待了。他也说了,我妈以后和我们在美国过。以后终究是要回国的,不过我们想先在这里取得点成就再回去。现在"海龟"多了,一毕业回去什么都不是,人际关系也没有,和国内断联系多年了,一个教授都不认识,怎么混呢。

第四节　心理适应

从心理学角度看，社会适应是一种复杂的、综合的社会心理现象（陈建文，2010：11）。心理适应是个体或群体面临新的环境时产生的心理反应及其结果。研究女留学生的心理适应，可以将研究点着眼于两个方面。一是中国女学生到 D 大学之后对自我身份的认同和对新的生活环境的认同，二是进而表现为因为各种环境的变化而发生的精神状况的变化。

一、心理适应的状况

"身份""认同""身份认同""同一性"均译自英文单词"identity"，心理学中常用的是"认同""同一性"，社会学和文化学中则常用"身份认同"（华桦，2007）。身份包含了个体社会成员在社会生活中的标识、社会属性及其社会位置。同时，身份也是社会成员的社会属性标识和社会分工的标识（施文，2005：11）。美国莫里斯·罗森堡、拉尔夫·H. 特纳在其主编的《社会学观点的社会心理学手册》中的"定位活动和身份构成"一章里，提出了定位身份理论，认为定义社会行为的属性是定位身份，定位身份被看作是从对于行为者在直接的社会背景中的存在和表现的显著看法中形成的归因，定位活动被认为是建立认可、修正以及有时毁掉定位身份的一个不断发展的过程（罗森堡·莫里斯，1992：17）。身份的认定有两种来源：一是来源于社会的定位和认定；二是来源于行为者自己对于自己的认识和认定。本节从女留学生自我认同的角度出发，研究她们对自我留学生身份、中国人身份的认识，以及基于上述两种身份而形成的精神状况。

（一）女留学生的身份认同

身份是一定情境中对角色所做的区别，就是角色关系网络中所处的地位。身份认同是一种心理意识，揭示了个体与群体之间的归属问题，它产生于个体与群体交往互动之后而感觉到的彼此之间的差异或者利益冲突。身份认同是个不能回避的问题，中国女留学生到达 D 大学之后大多数都有过对自己身份的再认识。在笔者采访的个案中，由于留学身份的不同，女生们对于自己身份的认识明显分为两类。一类，即是那些在 D 大学攻读学位的学生，他们普遍对自己的身份认识明确，觉得自己就是 D 大学的主人，对于享用学校资源以及参与学校活动都抱有平常心态。在调查中，90%以上的在 D 大学攻读学位的学生都参加了一定的社团活动或者是学校的文体活动。在学校社团招新的宣传日里，和国内的情景一样，学校的学生活动中心里各种性质不同的社团均在招兵买马，笔者在其中采访了几位华裔的女学生，发现凡是有意愿参与其中的都是那些正式入册的学生。其中还有一个很有意思的例子，有些学生在接受笔者采访的时候不愿意说中文，她们虽然能够听得懂中文，但是还是喜欢一直用英文交流，似乎这样更加能够体现她们是 D 大学这所讲英语的学校的学生的身份。

索菲亚是我有过交往的一个华裔女生，现在她在 D 大学读本科。她是我见到的对自己主人身份认同最强的一个人。可能是因为读本科，在学校待的时间比较长的原因，索菲亚在整个聊天过程中是不说中文的，她始终将自己刻意包装成一个美国人。这次在社团招新的时候笔者恰好又碰到她，她和笔者的谈话就有明显的身份强调特征。

笔者看到她在一个展台前驻足下来，和负责的同学谈论着什么，随即笔者便问她对于这样的社团学生们是否热衷于参与，索菲亚的回答是："对，我们 D 大学的学生都喜欢参加一些这样的活动，不过也要找到真正感兴趣的。我们都是很认真地对待这些活动和组织。"她还说，

"不过要注意车位问题，因为我们参加各种活动时都要早点去，去晚了就没有车位，那样就很麻烦。"

另一类，如笔者之前采访的几个过来交流的学生，她们对于自己 D 大学学生的身份认同就具有明显的摇摆性和妥协性。

[**案例三**] 这个要看和谁比了，要是和外人比，我们还是觉得自己是这里的主人，平时和国内朋友聊天或者是和其他的同学、同事聊天的时候，都挺为 D 大学自豪的. 但是和人家自己的学生比起来，那我们肯定是外人，而且像我们这种身份的学生，大部分是以一种过客的身份去看待自己的。毕竟只是来人家这里 1 年嘛，很多时候都是外人的身份。D 大学的大部分资源我们都是可以享用的，但是因为来的时间很短，很多东西还不知道时间就已经过去了，所以耽误了很多参与的机会。

[**案例五**] D 大学的体育比赛很有名，很多时候 D 大学自己的学生都可以凭借 D 大学学生卡去领票。不过我们这样的访问学生或者交换生就不行了。上次我去看足球比赛，因为导师给了票，所以直接就过去了，不过另外一个意大利女孩的朋友是过来做交流的，就没有能够进去，她们在门口和那个门卫交涉了很久，最后装作是 D 大学的学生，只是忘记了带 D 大学学生卡，才勉强进去了。所以，身份认同其实也是有条件限制的。我们这些人本来就不是这里的学生，所以很多时候说起 D 大学也不敢说成是自己的学校。这样说着并不理直气壮。

(二) 女留学生的中国人身份认同状况

对于身份的认同直接会影响到留学生在留学期间的其他方面的社会适应。除了留学生对自己 D 大学学生身份的认同外，对中国人身份的认同同样也是留学生社会心理适应的重要内容。

　　对于出国的留学生来说，自己的中国人身份是出国后最明显的标签。国籍在国内是最不为人所重视的，很少听到有学生对于自己中国人身份认同的肯定或否定的评价。似乎这个身份因为其普遍性而被人们所忽略。在国外，笔者所采访的学生中，所有人在对自己进行介绍的过程中都会提到"我来自中国"，国籍身份的认同明显体现在留学生的生活当中。

　　美国是个典型的移民国家，据美国人口普查局 2009 年 2 月 19 日发布的最新报告，2007 年居住在美国但出生地在中国的华人数量达 193 万，在各国移民中仅次于墨西哥，位居第二。① 正是这种多种族融合，使中国留学生在国外对于自己中国人身份的适应与认同主动积极。强调自己中国人身份实际上是中国留学生对于自己的一种心理暗示。第一，中国目前的国际吸引力与日飙升，众多美国人都对飞速发展的中国具有浓厚的兴趣，想从经济、政治、文化等各个方面了解中国。对于中国本土人来说也就产生了浓厚的连带兴趣，所以中国学生在见面与人介绍交往的过程中都会提到自己来自中国，这样可以增加接下来交谈中的共同兴趣点。第二，强调自己中国人的身份为自己进行的社会适应行为和适应状况埋下了伏笔。即使在以后的交往过程中会出现不愉快或者是彼此不认可，那么也完全可以将这样的不和谐归结为不同国籍人之间本质的区别，而不能用对或错来评价彼此的行为方式。第三，相对于美国主要的移民来源国，与同是发展中国家的印度相比，中国留学生的英文水平在大部分情况下不如印度学生；与墨西哥学生相比，语言上有时也存着差距；与其他欧洲学生相比，语言传统、拼写习惯和接受英语教育的时间长短等各个方面的劣势也很明显。明确自己的国籍身份，可以让中国留学生放下语言水平暂时相对较低的包袱，更加轻松自如地和其他国家人进行交流。第四，中国人身份的认同能够增加自己的民族自豪感和赢得更多美国人的尊重。

---

① http://edu.sina.com.cn/a/2009-02-26/1128165812.shtml,2018-04-23。

[**案例一**] 每次和美国人聊天的时候，包括我在威斯康星的时候，我都会告诉大家我是要回中国的。我留在这里干吗？这个地方就是开始一两年特别喜欢，之后就开始厌倦，慢慢就越来越不想待，特别想离开。美国的衣服挺丑的，而且尺码大，像咱们这样的，只能买 0 号或者 S 号，有时候还是 XS 号。我的鞋子每次都是回国买。当然，这里的高跟鞋特别好，角度好而且比较稳当。她们还总是问我，为什么你们中国卖给我们的东西都这么丑而且质量差，但是你带回来的东西都漂亮且质量好。我就告诉她们，钱花够了，才能买到好东西，我们也有质量好的东西，但是你得多花钱，既想少花钱又想买到质量好的东西在哪里都不可能。

(三) 女留学生的精神认同

两种身份认同的直接结果是留学生精神的认同。参考"第二期上海妇女社会地位调查"的相关指标，同时根据调查对象的特征，本着对所调研的女留学生进行客观评价的目的，笔者对被访女留学生的精神状况进行了测评。如表 4-8 所示，通过调查发现大部分女留学生的精神状况与在国内时情况差不多，但是孤独感和寂寞感明显强于国内，因为毕竟处于陌生环境，远离原有的亲人和朋友，打开新的局面又需要时间，所以大部分女留学生会觉得孤独、寂寞或者心里空荡荡的。多数人都能够适应这种感觉，甚至还有一部分女留学生慢慢喜欢上这种清静的生活状态，而且由于和国内联系不便，在这里与人的联系又极少，很多人的手机一天都不会有一个电话，她们在此可以完全控制自己的生活，只要自己不去主动增加社会联系，那么，也不会有任何人主动和你联络。有两个访谈对象告诉我，她们可以 2 天或者 3 天都不出房间门，只要不是必须办的事情，都可以拖着、放下来。睡眠通常好于国内。原因可能是由于学业压力不大，个人可支配的时间多，课余娱乐项目少，而且在美国的居住条件普遍优于国内，大部分留学生反映在美国的睡眠时间显著多于国内，"可以不用闹钟，自然醒"。但是据笔者观察，这里学生的睡眠情况还有一个现象就是睡眠时间不规律。笔者曾经和受访者当中的 4 个人谈起她们睡眠时间的问题，在笔者以前的概念中，上午 11 点之后不论怎样都应该已开始了一天的工作，晚上 3 点后，大部分人应该处于睡眠状态。但是，在这里却不是这样。有几次笔者中午 12 点给她们打电话，都是将睡梦中的她们惊醒，或者电话直接就被转入语音信箱当中。开始笔者以为只是特殊情况，但是后来才发现，如果不是因为早上必须去办公室或者研究中心，或者有课要上，这些学生都会一直睡到中午 12 点以后。后来大家都和笔者约定俗成地达成协议，12 点之前就不要打电话了。随着时间的推移和彼此熟悉程度的加深，笔者发现这些被访者大多晚上 3 点左右休息，有的是看文献作研究，有的是看电视节目，有的是因为要和国内联系，必须考虑时差问题而迁就国内的时间，总之作息时间上显得不那么正常。但是与国内的情况相比，女留学生总体的精神状况并没有好于国内。毕竟在异域还有众多难以名状的不愉快困扰着她们，可能她们自己有时也很难说清楚究竟这种失落和痛苦是来自哪里，但是这种感觉是真切存在的。当然这种痛苦也有其规律和周期，并且大部分情况下，这样的痛苦都是可以承受的。通过调查，大部分女生的精神状况均属正常，除了一个反应过激的案例之外（某位化学系女生），绝大部分女生都能在异域留学中自得其乐。

表 4-8　生活适应状况

精神状况	没有(%)	有时有(%)	经常有(%)	说不清(%)
睡不着觉	66.7%	20.0%	6.7%	6.7%
觉得身心疲惫	13.4%	40.0%	26.7%	20.0%
容易哭泣或想哭	6.7%	26.1%	13.4%	33.3%
对什么都不感兴趣	6.7%	66.2%	20.0%	6.7%
感到很孤独	6.7%	40.0%	46.7%	6.7%
觉得与周围格格不入	26.7%	33.4%	33.4%	20.0%
想回国	13.4%	33.4%	46.7%	6.7%

二、女留学生心理适应状况的特点

主动的精神适应被定义为个体有目的地去适应其精神世界、社会现实、超现实的理想状况（Bristol，1915：267）。

（一）国籍身份认识明确

受访女生对于自己国籍身份的认识始终都是明确而具体的。除一个受访案例（索菲亚）之外，其他人都认识到自己中国人的身份，并且都没有因为此身份而感到自卑或不适应。相反，中国人身份很多时候都是留学生打开局面的主要因素，中国人身份能够引起交往者的兴趣，为进一步交往创造良好条件和谈资。另外，明确中国人身份可以使这些留学生尽快地得到当地华人的帮助。在笔者所调查的研究对象当中，所有人在刚到美国时都接受了先到此地的中国留学生的帮助和支持，在初期社会适应中中国人的帮助起到了主要的作用。

> [案例五] 没到美国之前，我就在网上联系到了室友，来了之后是导师去机场接我的，然后把我送到住的地方。在这里租房子是需要自己买家具的，刚进来的什么都没有，都是空房间。我室友将他的床垫借给我用，他自己睡地上。就这么坚持了 20 多天，他的一个师兄送了他一张床，这样他才有床睡。我到现在都很感激他这样做。来了之后很多生活用品都是需要买的，他就说不用买了，一起用就行了，反正也不是长时间在这里。我的大部分厨房用品到现在都是用他的。虽然这个人平时不怎么说话，但是只要你有事情请他帮忙，他都会全力帮助。我办银行卡，办保险，办学校的一些手续，他也帮了不少忙。他还带我去洗衣房洗衣服，给我一些学校的地图，告诉我怎样坐车，这些都是他手把手教给我的。所以来了之后也没有觉得有什么困难或者不适应，反正有什么需要都会有人帮忙。

笔者在与留学生交往的过程中，发现中国留学生之间的互相关照多于其他国家的人。在与研究中心的一位研究人员聊天时她也谈到，她很惊讶于中国留学生之间的彼此联系。去年一位来研究中心的女生在初到D大学时就有四五个人来帮她处理各种生活事务。这位研究人员很惊讶中国留学生之间是如何隔着太平洋建立起彼此之间的联系的，因此她觉得中国留学生在美国一般情况下是不会有太多困难的，因为中国留学生之间的联系实在是太密切了。

有一次，笔者室友接到一个中国同学的电话，说小区空地中有一张很好的床没有人要，问笔者的室友是否需要，室友说不需要，已经找到床了，不过如果对方需要他可以帮忙搬运到对方的寝室。于是，我们一起下楼去看，并听到了以下一段谈话。B（该女生的室友，男，政治学专业联合培养博士）说："搬回去吧，你走之后那个室友很快就来了，那也是一个傻乎乎的丫头，我看她啥也不懂。给她都准备好了吧，省得来了啥都没有，还得再给她找。"A（打电话给笔者室友的女生，从国内某大学来的访问学者，生物学专业）说："我看你还是先用这个床吧，你现在还只是睡床垫呢。你看这个床还挺好的，我觉得很新。"简单的交谈中，就可以看出中国学生彼此之间的相互关照与帮助。即使没有见过面，地缘联系已经将彼此之间的距离缩短。

国籍身份为中国学生与中国人的交往提供了便利，同时也为中国学生与外国学生之间的交往提供了平台，但是身份往往又成为影响中国留学生与其他国家学生进行融合的因素。因为过分地依赖自己的国籍身份，无形中会将自己的社会网络局限在中国人圈子当中，从而放弃很多与美国社会进行接触的机会，使留学生身份价值大打折扣。同时会影响留学生在美国的社会适应，特别是对美国社会的适应。

(二)D大学学生身份认定模糊

来到D大学做交流的中国留学生大多来自于国内名校。在国内，她们多以自己的学校为荣，言谈举止间会透露出优越感或者是自豪感，到 D 大学之后，除了和国内一些人交流时偶尔会谈到自己是 D 大学学生之外，在学校内很少有人提到自己是 D 大学的主人，多少有点寄人篱下的感觉，所以访学身份影响了学生对于学校的归属感。只有那些真正在编的 D 大学中国留学生，才会以主人心态融入学校生活。

(三) 精神状况较好，能够自得其乐

不论是访问学生还是在编入册的学生，到美国后的精神状况普遍较好，绝大部分人没有出现很大的不适应。每个人都能够根据自身情况进行自我调整，摸索和寻找到最适合自己的社会适应方式。究其原因，一是因为受访者均为 18 岁以上的成年人，具有一定的社会阅历和生活经历，有能力进行基本的自我心绪调整。二是大部分在美学习的受访者没有经济压力，所以经济方面的心理负担小，反映在生活上她们就可以有更多的精力调整心绪，即使出现一些情绪波动甚至精神状况差的情况，也能够后顾无忧地去解决。三是受访者大多接受了硕士研究生以上学历教育，本身在学校可灵活支配的时间较多，有时间参加其他活动转移注意力，在精神状况不好的情况下可以进行一些体育运动或是参加旅行团，还有人可以直接回国休息一段时间进行缓冲，这都能缓解精神不愉快的症状。

[案例八] 本来过年不打算回家了，我 5 月才过来的，不过想了想，反正在这里也不是每天都必须去办公室，又有点想家，想家里的大黑狗，那就回去吧。我定了 2 号的机票，回去待 4 个星期，然后再过来。我现在在申请"J1 豁免"，搞得不是很顺利，有点麻烦，烦了，不想弄了，回去换换心情，歇一歇再回来弄。没准转转运气，回来会好弄一些。

案例九是来美国读生物学博士的女学生。2009 年 8 月刚到，平时非常忙，周一到周五完全见不到人。她的专业特点要求她必须每天泡在实验室，平时，她都是在周末花 3~5 个小时做好一周的菜，然后剩下

的 5 个工作日都吃周末做好的饭菜，就是为了节省时间搞科研。12 月的时候，她突然提出要回家一趟，待 3 周，过了新年再回来。周围的同学都觉得很奇怪，刚来没有多久就走，经济上和身体上应该都会有压力吧。不过她本人并不介意，她只是想回家吃吃家里做的菜，见见家人和朋友，就是这样简单的要求。笔者认为，这大概是因为她在这里的科研压力太大，希望寻求精神上的放松。因为她在这里的访学是享受学校奖学金的，往返机票仅仅相当于她一个月的奖学金的一半，她是可以支付得起的。花钱来缓解精神压力，是在美女留学生最常用的一种解压方式。

第五节　小　　结

　　社会适应是长期、复杂的过程，贯穿于留学生活的全过程，社会适应涉及内容广泛繁杂，通过对受访学生的访谈内容分析，笔者认为可以将访谈内容概括为学习适应方面、生活适应方面和心理适应方面三个部分。

　　学习适应方面，学生们遇到学习习惯不适应或者是学习内容短期无法接受的情况，会通过主动调整自己的作息时间或集中学业目标来解决。学生身份使学习适应成为留学生面临的第一个适应难题，不同性质的学生对学习适应标准和学习适应期望并不相同。意在获取学位的学生的学习标准较高，学习适应程度随留学时间的增加而增加。意在获取留学经历、体验国外学习、生活状态的学生的学习适应程度的评价标准较灵活，学习适应期望因人而异，但是总体上低于以获取学位为目的的学生。因此，笔者也会思考留学经历是否真正能够对留学生本人的学习能力、学习习惯和所学知识量有重要影响。

　　生活适应方面，大部分的中国女留学生已经摆脱经济压力带来的不适应感。多数人能够像西方发达国家的学生一样进行消费，或者至少能够与西方发达国家的学生保持相近的消费习惯。女生的语言适应能力高于男生，女学生相对于男生具有自己独特的语言适应环境。身份认同方面，学生们的美国社会"局外人"身份认同感仍旧较高，除非与自身安全有联系以外，学生们很少关心自己的社区生活。对美国的政治、经济、文化、教育的社会参与较少。休闲活动时间安排较国内单调，但是休闲内容较国内新鲜。具体而言，社会适应好的学生，由于社会网络连接和社会网络结构较好，休闲活动内容丰富，休闲种类多样，休闲效果好；社会适应不好的学生，休闲活动内容单调，休闲种类单一，休闲效果较差，不能起到休闲本身应有的作用。生活适应的阶段性和过程性较其他两类社会适应更模糊，中国女留学生在 D 大学的生活适应内容相近性高，可以划分为经济适应和精神适应两个方面，经济适应是生活适应的主要方面，精神适应方面以各种身份的认知为主要内容，经济适应的满足周期短，效果明显；精神适应的满足周期长，效果不明显。

心理适应方面，留学生对于自己中国人身份的认同感很强，国籍身份是中国学生与其他国家学生交往的过程中经常会提到的话题。对于其本人的 D 大学学生身份，不同学生的认识不尽相同，在此时间久、正式入编的学生，会有明显的 D 大学学生身份的认知感，来此时间不长或者非正式入编的学生，对自己 D 大学学生身份认识淡薄。女生们在此留学时的精神状况较好，能够自己调整自己的精神状况，多数学生能够自得其乐。在整个留学生活的社会适应中，心理适应起到了决定性作用。心理适应程度决定了留学生本人对自己在美国的留学生活的总体评价程度，心理适应程度的不同导致不同学生间的学习适应程度和生活适应程度难以比较，心理适应程度的高低影响学生对自己整个留学生活适应程度的主观评价。

第四章　中国女留学生社会支持状况

第一节　学习适应中的社会支持

中国女留学生在 D 大学生活，同其他留学生一样，会遇到各种问题，其中既包括文化、意识等方面的精神性不适应，同时也有物质、经济方面的支持需求。根据受访对象的留学生身份，笔者将中国女留学生的社会支持研究分为学习适应中的社会支持、生活适应中的社会支持和心理适应中的社会支持。

所有受访女生，不论到此的目的如何，学生身份使其不能避免地面临适应学习的问题。学习上的适应既包括学习习惯，也包括学习环境、学习方式、学习考核和学习收获，等等。

一、学习适应中的社会支持的来源

留学生在美期间的社会网络与国内时期相比会缩减，普遍学生会感觉生活单调。在学习适应方面，学生们的社会支持来源与国内相比略有不同。国内学生学习适应中所获得的社会支持主要来源于正式的组织和个人，如来源于学校、院系、班级内老师和同学或者是辅导员、负责教务的老师和工作人员，还有自己的任课导师等。在 D 大学，学生们的学习适应中的社会支持一方面来源于正式的组织和个人，如导师、International House 等，另一方面，也来自于非正式组织，如朋友、室友、家人和国内其他一些社会关系。

[案例五]　我在这里做的研究需要收集很多国内的资料，遇

到这种情况就只能求助于家人，我家人可以帮忙找到一些相关资料，所以，我很多时候就是做了翻译的工作，其他什么都不做。我来之前认识了一个在这里待过一年的师姐，她告诉了我很多在这里学习和做项目需要注意的事项。比如说在书写的时候需要注意什么，应该怎样注意导师的要求。因为在国内不怎样用英文写东西，而我的写作能力不行，所以，每次在这里写完东西之后我就让一个认识的过来做访问学者的老师帮我看看，他能给我提出建议和意见，还能教我怎么写、怎么修改，每次让他看过的东西我都能很放心地交给导师。

[**案例十二**]　我在这里做临床研究工作，与自己在国内的专业很相近，所以，来了之后还是帮助导师做研究。D 大学的医学专业始终在全美排名前三，很多议员坐直升机到这里看病，这里确实有很多值得我们去学习的地方。这里的医生社会地位非常高，特别是如果你可以在 D 大学当医生，那么对于你家里人来说这比你是影星、歌星还值得骄傲。我只是对自己的专业词汇比较熟悉，但是对于其他专业的医学词汇，我就不行了。我办公室的 FJ 比我来得早，他也和我做同样的研究，他在词汇上面比我有更大的优势。我们又住同一个小区，我没有买车的那段时间，我都是搭他的车子一起上下班，所以，我们交流得很多，他会告诉我应该怎样做研究，如何适应这里的科研生活，学习上应该注意哪些问题，应该多同哪些人交流。他说了之后我就照着做，他还从国内带了很多书过来，我也可以借过来看看，这样就比较方便了。

[**案例一**]　International House 有专门针对国际学生的学习讲座，如关于提高英语阅读能力的讲座，关于如何撰写论文、如何运用各种软件的讲座。我在威斯康星的时候就已经参加过很多这样的活动，所以我总是推荐刚到这里的同学们去参加，很有帮助的。International House 可以帮助国际学生们解决很多学习中的实际问

题，它绝对不是像国内的国际交流中心一样，只是形同虚设，它是很有帮助的。那里的工作人员对于如何帮助国际学生解决学习难题都很有经验，所以你有什么问题只要告诉他们，他们都会尽量去帮忙协调。

通过访谈，笔者发现中国留学生在学习适应上互相帮助很多，学生们在赴美学习的过程中往往会遇到相同或者相近的学习困惑和学习问题，所以，基于私人关系的这种学习帮助较多。如互相提供需要的学习资料，互相提供学习信息和学习机会，互相帮助解决学习过程中因为不适应而产生的各种问题。

二、学习适应中的社会支持的效果

基于"社会支持作为人们感受到的来自于他人的关怀和支持"的认识，本书此处谈到的社会支持效果主要从被支持者个人的主观感受而言，只要是被支持者觉得其获得的社会支持能够帮助其解决需要解决的问题，获得支持之后心情愉悦，那么就认为其所获得的社会支持较好。

学生们得到社会支持的来源与其性格有很大的关系，一些性格开朗、容易结交朋友的学生会得到较多的社会支持，而且获得社会支持的形式也较多，社会支持效果好；若学生性格较孤僻或者个性较强，那么，往往获得的社会支持数量有限，来源也较狭窄，效果亦会大打折扣。

在笔者的访谈过程中，发现不同专业的学生在性格方面也有一些不同，虽然并不存在明显的性格分化现象，但是学习理工科的学生相对来说往往性格较沉稳，性格内向者较多，特别是那些需要长期在实验室进行基础研究的学生，性格更加内向，其主动寻找社会支持的需求减少，获得社会支持的形式和来源更加单调，社会支持效果与性格开朗者和学习社科的学生相比也略差，对实际问题的解决效果因个体的认识不同而具有明显差异。性格开朗者所获得的社会支持来源较广，支持效果较好，往往能够解决学习中的实际困难。

　　[**案例七**]　我的梦想就是有一个自己的小实验室，在里面做自己的事情。我不想和人打交道，特别是看不上的人。我自己做自己的实验，写自己的东西，有自己的经费，过自己的日子。不和自己不喜欢的人和事打交道，一切都以自己的兴趣为主，专注于自己的研究，我也不需要别人的帮助，我自己能够处理我自己的问题。现在实验进行得很不顺利，我也不喜欢现在导师的研究领域，自己根本没有什么兴趣。

　　在与案例七交谈的过程中，她的室友 W 一直坐在旁边，交谈过后案例七上楼回到自己的房间，W 告诉我，案例七的性格很奇怪，她不相信别人，只相信自己，和现在的导师、同事之间的关系都不怎么样，在国内也是和原单位领导闹僵了才出国的，现在还是这个样子。W 说她在这里的实验也进展得不顺利，去年年底的时候她想换导师，总共发出了 50 多封求职信，但是只有奥兰多的一位导师回信了，见面之后好像人家也不是很满意，这件事情就不了了之了，所以她没办法，又和现在的导师签了一年的协议，但是他们相处得很不好，除了工作，基本上没有任何其他交流，她也不会接受任何人的意见。W 说："你别看她性格上很随和，但是除了自己，谁都不相信。你看，她自己明明知道自己刚开始开车，对车速的判断不是很准确，上次出去连闯了 3 个红灯，但是你和她说她也不会听你的，还是按照自己的错误判断来，所以我现在坐她的车子不再多说话。"

　　像案例七这样性格内向、自我意识强的人如果学业上出现问题，很少主动寻求帮助，即使有意提供帮助者也会畏惧其较强的个性而缩手缩脚，有所顾忌。案例十一是学习基础生物学的博士研究生，每天的作息时间都很规律，早上出门去实验室，然后做实验，晚上 12 点回家。周六、周日睡两个懒觉，她是笔者所有访谈对象当中性格较孤僻的一个，可能是在实验室的时间长了，不是很懂人际交往，虽然她为人善良、乐于帮助别人，但是从来不会主动寻求别人的帮助，当学习上遇到问题，除了自己着急、想办法解决之外，不会主动找同学、同事帮忙，她总是觉得，就是要自己做科研，潜心做研究，才能出成果。

[**案例二**] 我到美国已经4年了，其中硕士和博士阶段就读于不同的学校，所学专业也需要我长时间在实验室工作，科研任务繁重，科研压力大，即使是圣诞节，仍旧需要在实验室做实验。我认为自己的学习情况非常好，自己非常满意。我们专业的学生能够在5年内毕业的就属于"超人"。我们这个实验室是全球顶级的，大家在里面工作压力都很大，不过我很幸运，我师兄对我的帮助非常大，往往我在做实验之前都会和他交流，征求他的意见，如果他觉得这个事情行不通或者不值得做，我就会听取他的意见，马上转换思路，想想其他事情，我不会一意孤行。我现在节省了很多的科研时间，少走了很多弯路，他们都说我现在做的事情一般情况下需要1年半的时间，但是我仅仅用了不到1年，节省了一半的时间。

三、学习适应中的社会支持效果的影响因素

通过观察，笔者发现性格因素、所学专业和赴美留学时间长短对学生的学习适应中的社会支持效果有重要的影响。

(一) 性格因素

性格因素对赴美留学生生活各个方面都有影响，在学习适应方面，性格因素能够影响到学生们获得学习适应中的社会支持的来源，以及获得学习适应中的社会支持的数量和质量。性格开朗、善于与人沟通、乐于接触新的事物和新生活的人往往更加容易获得学业上的支持，同时，她们在学习中遇到困难或者需要支持的时候，往往会主动寻找支持来源。

性格开朗的学生能够通过心理调整控制个人情绪，对于自己所获得的社会支持进行积极的评价，即使所获得的支持并不尽如人意，效果并不如期望中的那么好，她们也都能欣然接受，而更多地从积极的方面来

看待。性格较孤僻的学生虽然也能够获得社会支持，但是由于个人因素，获得支持的数量往往会比性格开朗者少，同时支持效果因其看问题的角度和个人每个阶段的心情的不同而有所不同。笔者和几位性格内向者的访谈总是进行得磕磕绊绊，要在她们心情较好的时候才能够顺利进行访谈，对于笔者询问的问题，她们在回答过程中也都具有很强的自我保护心理。

(二)所学专业

不同专业的学生所获得的学业上的社会支持的来源和效果也不相同。在笔者采访的学生中，学习社会科学的学生们往往学业上遇到的困难会比较多，一方面是由于其研究学科本身对于语言的要求较理工科要高；另一方面是由于中美之间在学生们所学学科的研究方式、研究习惯和研究风格方面有很大的差别。但是，笔者发现虽然学习社会科学的学生在学习中遇到问题的数量要多于理工科学生，但是她们解决问题的办法要多于理工科学生。因为社会科学与日常生活的近源性以及社会科学同日常生活的联系密切性使学生们能够通过与有相关生活经验的人进行交流或者通过获取相关生活帮助而解决学习困难，这种社会支持的转移效应，是理工科学生们所不能享用的。

对于那些需要做实验的学生而言，学习方式和学习过程具有不可改变性，很多时候，试验本身的步骤和过程的固定性以及实验结果的不可预期性，使学生们往往在问题和困难出现的最后一刻才能够认识到需要帮助和改正，理工科学生所进行的研究专业性强，其他专业的人很难进行有效的帮助，至多只能在精神上给予安慰和鼓励，往往解决问题的效果不能立竿见影。这些都从某种程度上影响了学生们获取学业支持的来源和支持的效果。

(三)赴美留学时间长短

赴美留学时间长短是影响学生获得学业社会支持以及社会支持本身效果的重要因素。赴美留学时间一方面指到达美国的时间，另一方面指预期在美留学时间。

1. 学生们的学习适应中的社会支持效果与其到美时间的长短有反向相关关系

刚到美国留学的时候，因为面临的困难多并且困难出现的时间集中，所以此时的社会支持效果明显，对留学生本人来说，即使仅仅解决一个小问题，也会有很大的成就感。初到美国学习上的不适应往往也是存在于表面上的不适应，如学习场所不适应、学习方式不适应、学习时间不适应，等等，表面的不适应在获得明确的帮助之后，问题就会得到解决，这样的社会支持边际效应高。随后，随着遇到的问题越来越少，问题相对难以解决起来。

[**案例六**] 现在看来，刚来那段时间出现的问题都是表面问题，其实根本不算什么。比如那个时候记不住学校校车的运行时间，总是会误车，上课会迟到。还有，有些东西不知道用英语怎么说，上课的时候有点傻乎乎。再有，如不知道怎么在图书馆查资料，不知道怎么借书还书，不知道怎么联系任课老师，上课之前不知道应该怎样做准备，后来，住在一个小区的同学们一一告诉了我怎么做，这些事情只要别人告诉了你，你就知道该怎么做，挺简单的，现在我慢慢地发现这些问题都谈不上是真正的问题，真正在研究上出了问题，解决起来就没有那么容易了。我在图书馆已经泡了两个多星期，就是为了上次和你说的那个事儿，它一直解决不了，我心里着急啊。

2. 预期留美时间长短也是影响留学生获得社会支持效果的因素之一

预期留美时间长，对学业上的预期亦高。通过调查，笔者发现那些预期在美停留2年以上的学生们在学习适应上的问题多于预期停留2年以内的学生，特别是那些预期留美一年以内甚至半年、几个月的学生。她们因为对自己学习适应的预期不高，因此学习中遇到的问题相对较少，一旦获得相应的社会支持，对所获得社会支持的满意度也相对较高。预期在美学习时间较短的学生们更多的关注学习本身的体验，并没有时间和机会去深入了解所学内容，所以，即使其出现学习支持需求，这种支持需求本身也是表面支持需求，容易得到满足。

第二节　生活适应中的社会支持

一、语言适应的社会支持

语言作为人与人交往的首要工具，在人一生中发挥着不可替代的作用。语言交流也学生们最为主要的交流方式，对于生活在英语是其母语的国家的留学生尤其是中国留学生来说，语言很少成为影响其生活的因素，但是对于处于新语言环境中的留学生来说，语言的适应和提高是她们在社会适应中面临的第一步，获取语言适应的支持，意义非同一般。

(一) 获得的来源

留学生语言适应的社会支持既有来源于正式性组织的，如国际交流中心的语言培训、所在社区提供的语言培训，也有来自于非正式组织的，如同学、同事、偶然交往的个人、教会组织。

1. 学校的留学服务中心

留学服务中心即学生们经常提到的 International House。留学服务中心作为集中服务于国际学生的机构，其工作的重心就是让国际学生们在美国学习期间的学习和生活等各项需求得到满足。语言适应是所有国际学生赴美之后均需要面临的一个生活适应方面，International House 提供的各种形式的语言适应上的社会支持是学生们能够获得的最重要的来源于正式组织的社会支持。

2. 社区的语言培训

个人可以通过报名参加美国社区的语言大学开展的语言培训，这样的培训由本土美国人作为主讲教师，讲授对象是非英语国家人员。根据地方的不同，各个社区大学举办的课程内容也不同，一些办得较成熟的学校会有针对不同非英语国家人员的特殊讲座。在受访女留学生中，有一位在美第一年是以 J2 身份来陪读的，第二年才更换为 J1 身份并成为 D 大学学生。在与她的交谈中，她觉得自己语言上的收获很大程度上来自于在社区大学的学习。D 大学处于墨西哥人聚居较为集中的地区，所以，D 大学周围的社区大学开办了针对不同学习层次的学生的语言培训，他们讲授的英语并非针对考试和阅读，而是更多地注重于语言交流和日常生活。该女生说，在她陪读的那一年当中，参加了这里的语言学习，对自己的语言特别是生活语言的培养起到了积极的作用。她至今回忆起来，仍旧很称道这样的语言学习方式。她说："在那里学习了半年多，比我在国内学 20 年英语的收获大，当然这样说可能有点夸张，因为我在国内学习之后本身就已经具备基本的词汇量和语言能力，只是在那里可以学习怎样应用，而且学完的东西马上就能够找到机会使用，所以效果相对好了很多。"

3. 陌生人之间的交流

前文已经提到，相对于大部分男生，女生由于喜欢购物，多了一个接触美国社会的机会，同时也多了一个锻炼语言的机会。同时，参与不同种类的社交活动，尝试在不同场合交流，本身也是一种锻炼语言交流能力的机会。陌生人之间的交流因为情景随机、偶然性高、针对性差，所以不是女留学生生活语言适应的主要社会支持方面，但是不能否认，陌生人之间的交流可以为女留学生的语言适应起到警示的作用。往往在与陌生人的交流中，对方不会迁就外国人的语言缺陷和交流弱点，而会先入为主地认为交谈者具有流畅交流的能力，所以，很多女留学生反映在与陌生人交流的过程中会出现听力下降、口语表达能力也有所减弱的错觉，只有在一段时间之后才能适应和对方的交流。

(二)支持的效果和影响因素

众多生活适应中,女留学生的语言适应是其他生活适应的基础,因为身处异域的便利条件,在语言方面获得的支持也是最多的,语言方面的支持效果显著。所有受访女留学生均表示,在美学习期间其语言能力提高显著,特别是口语表达能力。语言适应能力的提高对女留学生自信心的提高具有很大的影响。当"听得懂,说得出,可理解"这样的交流目标达到之后,学生们会有一种明显的成就感和舒适感。在受访女生中,除一人(案例二)表示从来没有遇到过语言问题之外,其他所有的学生都经历过不被理解的阶段。语言习惯、表达方式、发音规则甚至对于口腔肌肉的运用,英语与中文之间都有极大的差异。在国际留学生当中,亚洲留学生特别是日本、韩国、中国的学生在语言方面能力显著低于欧洲国家学生。在笔者所访谈的留学生中,大部分留学生表示,如果自己在回国之前,能够达到一打开美国的电视就能听懂节目里面的每句话,就像在国内看电视一样就很满足了。由此可见,语言适应是学生们生活适应的最主要的目标之一,语言适应的好坏对留学生生活适应具有明显的影响。

[**案例五**] 我就是想着,如果我回国的时候能做到一打开电视,就能听懂里面在说什么,我就心满意足了,也算在这里没有白待。现在还是不行,做不到这一点,希望以后能行,反正还有半年多的时间。语言这个东西需要一个量变到质变的过程。可能积累到一定程度就可以达到那种水平了。

[**案例三**] 来这里一年了,现在要回去了,还是有点遗憾语言上面没有过关。在这里看了很多的美剧,听力上面有很大的提高,但是在口语上,因为我接触的人不多,加上我也挺宅的,所以进步不大。不过不管怎么说,要回家了,这些事情也不能想。如果以后有机会再来,我想多练习一下口语。

二、身份认同的社会支持

（一）身份认同获得的效果

中国留学生"局外人"身份认同感强，即使在美多年的学生，仍旧会有一种"局外人"的感觉。如前文所述，在笔者的访谈中，发现学生们虽然生活在美国社会，但是对于美国社会的关心程度仍旧不能够与对中国的关心程度相比。中国留学生在美身份认同感并不强，主要表现在个人对于美国社会的关心程度低和个人对于美国社区成员身份的认可程度低。这样身份认同感低的情况影响了其在美国社会的生活适应情况。笔者在自己所居住的小区内发现每天早上和下午固定会有五六位 60 岁左右的中国老年人在小区路上散步，他们大多是陪伴自己的子女到美学习或是来此给自己的子女带小孩。通过与这些老人的交谈，笔者发现这些老人的子女目前虽然都在美国读书或者工作，但是，他们均打算等自己结束这里的工作或者是等小孩稍微长大一点就回国发展。一来是考虑到现在国内的发展前景和发展空间不比美国差，二来是觉得在美国始终是一种游离于美国社会的"局外人"身份，即使是一些适应程度略好的人也会有一种"边缘人"的感觉。

由此可见，不仅仅是笔者所访谈的女留学生，其他一些在 D 大学工作或者学习的学生或工作人员也都有一种"局外人"的身份认同感。

（二）身份认同获得的影响因素

受访女留学生中间存在的"局外人"身份认同的原因是多方面的，其中既有缺乏美国社会整体认同的原因，也有自身获得心理和身份支持的原因。

在受访女留学生中，大部分人表示自己在生活不适应或者需要帮助时都是寻找自己周围所信赖的中国朋友来获取帮助。一方面，这样比较好沟通，能够更加准确地表达自己；另一方面，这样的支持更加容易获得，不论是寻找支持的来源还是获取支持的实质帮助。在获得这样的身份支持的过程中也会受到支持者的影响。这样在中国人圈子之间就会蔓延和"传染"一种自我排斥的"局外人"身份认同感。

美国社会本身是多种族聚集的，华裔一直是数量巨大的组成力量之一。在美国居住的华人多聚集于相同或邻近地区。虽然现在随着华人赴美人员的增加和留学生所占比例的扩大，聚集华人社区的情况有所减少，但是在笔者的访谈对象中，除两人外，其他人均在赴美留学之前通过网络或者其他途径结识了在 D 大学读书或者学习的中国人，在她们的交往中时时刻刻都会受到周围中国人的影响。在笔者的访谈对象中，仅有一人与其他国家的人合租公寓，其他人都是和中国人作室友，中国人彼此之间的影响时时处处都存在。笔者通过调查发现，留学生越是同中国同学、同事在一起，就越会有一种美国社会"局外人"的感觉。

所处大学环境对留学生生活适应中的身份适应也具有影响。学校环境本身就决定了留学生自身的流动性，再加上笔者所访谈的学生90%以上是硕士、博士研究生或者是博士后、访问学者，在 D 大学居住时间均没有超过 5 年，居住时间短，再加上平时多半在学校，对自己所居住社会的感情不深，也影响了他们对于社区身份的认同。

三、休闲社会支持

留学生休闲时间的安排形式能够反映出其在美生活中社会网络的特点和社会支持的获得状况。如果该留学生的社会网络规模较大，网络成员异质性强，那么她能获得的休闲方式会较为多样、内容丰富，相反，如果该留学生的社会网络规模较小，成员间同质性强，那么，该留学生所能获得的休闲方式会较少、比较单调。通过观察留学生休闲社会支持的来源和效果，可以看出留学生社会支持的获得情况。

(一) 休闲社会支持的来源

1. 当地的中国留学生或中国人团体

由于华人人数众多，D 大学有专门的华人学生联谊会，其性质类似于国内大学的学生会，但是这个组织仅仅为 D 大学的华人服务。各项活动的参与群体也多为 D 大学的华人学生。平时除了提供各种与华人学生有关的信息之外，该组织也经常会组织一些以华人学生为主要参与群体的娱乐休闲活动，如卡拉 OK 歌咏比赛、包饺子活动、棋牌运动，等等。留学生在美国的生活相对单调，休闲娱乐活动也相对简单。华人学生联谊会无疑是一个重要的休闲互动组织。

2. 学校组织

学校组织是组织学生休闲活动的正式组织。学校会提供一些与学术相关的休闲活动，如各种学术沙龙和工作坊。在受访女留学生中，将参与学校组织的活动作为休闲娱乐方式的比较少。一方面，留学生们希望在休闲过程中过滤掉学术的成分，另一方面，也希望能够在休闲中选择自己喜欢的方式，不过多参与官方活动。

3. 教会组织

在笔者的调查中，教会组织一直对留学生的生活产生着重要的影响。对学生的日常生活、休闲安排、精神寄托都具有重要的作用。这一点是留学生在美生活当中与国内大不相同的地方。所有受访女留学生都曾经接受过教会组织的帮助，其中除了两位是基督教徒以外，其他人都没有明确的宗教信仰。由于此处的教会组织并不单单是提供宗教性服务，同时还会向学生们提供其他的生活、休闲互动，所以，绝大多数学生都接受过教会的帮助，也都参与过教会组织的活动。教会组织活动的多样性和时间的固定性也吸引了不少的中国学生融入其中。留学期间学生们的生活作息时间也相对固定，如果恰好在空闲时间能够参与到教会组织的休闲活动当中，他们往往会乐于参加。

4. 其他非正式组织

个人也会安排自己的休闲时间，到美国各地旅游是学生们度过休闲时间的一种最主要的方式。美国学生一年当中有三个时间较长的假期——寒假、暑假和春假。寒假和春假时间较短，学生们的旅行安排多以短期为主。笔者所访谈的学生中，寒假出行者占到了 61.5%，出行地点有华盛顿、纽约、奥兰多、俄亥俄还有 D 大学周围的城市。春假只有 1 周，几位学习生物、化学、医学专业的学生都没有假期，所以留在 D 大学继续研究工作，其他几位学生亦都在 D 大学附近的城市做短暂停留。在即将到来的三个月之久的暑假中，除一人要回国，一人已经回国，一人在此等候家人之外，其他受访女生均有外出旅行计划。报团参加旅行社和自驾游是两种主要的旅游形式。

(二)休闲社会支持的效果

1. 非正式组织支持效果明显

网络规模是指构成一个个体社会网络的成员的数目。社会网络规模是测量个体社会资源拥有量的重要指标之一。通常情况下，一个人的社会网络规模大小与其所获得的社会支持和社会帮助有关。笔者通过访谈发现女留学生的社会网络规模较小，但是，在所有生活适应的社会网络支持中，休闲适应获得的支持又是最多的，社会网络规模也是最大的。

在非正式组织支持中，留学生之间私人性质的社会支持是效果最好的社会支持，其次是各种非正式组织提供的支持，国内外亲属的休闲支持效果有限。

2. 正式组织的社会支持效果有限

学校和大使馆这类正式组织的社会支持效果有限，这是因为政治组织服务的普遍性，对单个学生来说，难以获得有针对性的支持。同时，休闲支持的效果因人而异，数量和质量的评价标准各不相同。学生自己主观的感受是其休闲满意度的主要评价标准。是否接受正式组织提供的普遍性的支持也是由学生个人决定的，所以，正式组织的社会支持效果有限。

3. 教会支持的宗教性质较小

教会支持的宗教性质较小，大部分情况下仅仅提供单纯的休闲娱乐支持。支持效果对宗教本身的扩展并无较大作用，但是对于扩大学生社会网络规模、使学生交往群体多元化、丰富学生社会休闲生活具有积极作用。

四、经济支持

一般来说，经济支持是个体所能够获得的、来自社会各方面的经济上的帮助。这种帮助既包括金钱，也包括各种实物。

对于 2008 年以后赴美学习的留学生而言，金融危机严重影响了美国社会经济，学校各项科研支持力度大幅下降，对于教授和研究生的生活都产生了严重影响，虽然从 2009 年开始情况略有好转，但是整体趋势仍旧未得到扭转，所以，能够拿到美国大学奖学金的学生减少，赴美攻读硕士学位的留学生大多没有奖学金，美国大学学费从 1 万美元到 5 万美元不等，即使是美国本土学生，也并不是所有家庭都能够承受这些费用，因此，学生们的经济压力可想而知。笔者的访谈对象中，除一人外，全部是赴美攻读硕士及以上学位，其中攻读硕士学位者，均为国内大学本科毕业后赴美攻读硕士学位，均未拿到学校奖学金，学费和生活费主要来源于国内亲友支持，也有部分来自于商业贷款。攻读博士学位或者做博士后、访问学者的学生，其经济支持一部分来自于国家，即公派留学生每个月可以拿到 1550～1650 美元不等的奖学金，这样的资助标准能够维持他们在 D 大学的基本生活；在此攻读博士学位的学生，如果能够顺利拿到学校奖学金，那么每个月也可以有 1750～2000 美元收入，再加上其参与导师和学校的各种科研项目，每年还会有 2000 美元左右的收入；在此做博士后，一般每年可以拿到 35000～40000 美元的税后报酬，甚至还有的可以拿到 50000～100000 美元不等的工作报酬，这样的收入可以使其维持中等生活水平。从维持基本生活的角度来说，D 大学女留学生均能够保证自己生活，没有出现经济上不能承受在此的衣食住行的情况，维持效果较好，还有部分学生能够有结余的积蓄进行休闲消费，如旅行或者参加各种俱乐部、社团。

尽管如此，不论来自于何种经济支持，留学生均表示自己有部分经济压力。某贷款读书的上海女生说："我觉得我们 MBA 学生都比较冷漠，不像另外两个来自中国、学电子工程管理专业的留学生，是真心地想帮助你。当然了，我也可以理解他们，因为很多人特别是中国留学生，都是背着100多万元的债出来读书的，就是希望毕业之后能够找一份高薪的工作，所以读书的时候都很拼命，几乎所有的精力都放在读书上面。我自己也是贷款出来的，我当时从上海大学社会学专业毕业之后工作过一年，后来又去了意大利读书，读MBA，现在我们学校和这里有合作项目，所以就过来啦。再过一年我就毕业了，必须得找个好一些的工作，希望工作的第一年和第二年能够把贷款还了，之后就会好办一些。"

[案例十]　你看我穿了四件衣服，不想回家，还是你们这里暖和。我们房间一般都不会开空调，为了省钱。

[案例四]　晚上我要是肚子饿就去楼下吃麦当劳，一般就是买套餐，一个汉堡、一份薯条再加一杯可乐。他们（交往比较密切的几位访问学者）也都喜欢这样吃，因为他们觉得肉比较多，能吃饱而且还便宜。（笔者问：多少钱一份呢?）大概6美元或者7美元吧，具体看你要哪一种。比国内便宜。（笔者说：不会吧，那也要40多元，国内这么一份也就20元钱吧?）那你不能和国内比，这里1000美元你花7美元和国内1000元钱你花20元人民币，那还是不一样的。

[案例七]　一开始本来打算买3000多美元的车，现在预算已经到6000美元了，如果那个人要是答应6000美元卖，我就买，要不然就不要。他要价6800美元，后来主动降到6300美元，我问他5800美元卖不卖，人家已经明确回复不行，我又和他商量6000美元行不行，如果可以我就不想再等了，赶紧买了算了。没有车不方便，但太贵了又买不起。

第三节　心理适应中的社会支持

一、对身份不适应的支持

身份适应是一个人对自己在某个环境中个人认识的标签式体验。个人将自己归属于某一个群体，以某一个群体的特征来衡量自己的特点。当通过对照发现自己属于某一个群体时，则可以将自己定义为这个群体中的一员，若通过对比发现自己不属于某一群体，则不会将自己定义为这个群体中的一员。现实中会出现这样一种情况，虽然某些人通过自我对比和个人感受，发现自己并不属于某一个群体，但是现实中，他又必须归属于该群体，于是就会出现自我感觉与现实状况相脱节的情况，此时，需要个体通过寻求各种帮助来调整自己的心态和行为，使其能够具备目标群体的身份特征，并且能够使本人和他人都认为其属于这个群体。对于到 D 大学留学的中国女留学生，她们对于 D 大学学生的身份认识感并不强，虽然这与她们本身的留学生身份有关，但是，从整体上说，中国女留学生相对于其他西方国家留学生，在对自己本校学生身份的认识上仍有不足。

在 D 大学，留学生基本上可以享有和 D 大学本校学生一样的学校资源。在 D 大学，每年都会有大量从欧洲或美国其他大学来交流的学生，他们在此学习的时间少则几个月，多则半年、一年或者两年。相对于中国留学生，他们似乎更加适应这种流动性的学习气氛，而且能更加自然地认为自己是 D 大学的学生。Marye 是来自法国的交流生，今年在

D 大学读本科二年级，她会完全以一个 D 大学学生的身份参加学校的活动，熟悉 D 大学的教学安排和社团安排，也愿意以 D 大学学生的身份自居。寒假时会有一些美国家庭到一些名校寻找大学生陪自己的小孩过圣诞节，Marye 以 D 大学学生的身份参加了一个美国家庭的活动。据笔者了解，没有中国女留学生以 D 大学学生身份参加这个活动，因为她们总是觉得自己不完全是 D 大学的学生。其实这样就使自己失去了一个深入了解美国社会或者进入美国社会的机会。究其原因，一方面是由于中国人名分观的影响，只有先得到完全的身份认证，然后，人们才会按照所得的身份的预想模式去进行自己的行动。另一方面是由于其在此受到的社会支持所致。

中国留学生之间对彼此的支持远远大于其他国籍的留学生。据美国高等教育研究机构国际教育研究所(IIE)公布的统计数据显示，2008 年至 2009 年赴美留学的学生数量排在前 10 位的国家中，有 6 个是亚洲国家。而排在前三位的国家分别是韩国、印度和中国。中国留学生较前一年增加了 9.8510 万名(21.1%)。① 中国留学生数量上的优势决定了彼此间关系网的密度。中国留学生交往最多的是中国人，衣食住行方面都要和中国人打交道。彼此之间的行为、观点会对对方产生影响。一批批的中国留学生之间互相关照和帮助，相互间的行为就具有相互影响性。当中国留学生对自己 D 大学学生身份不适应时，通过与其他中国留学生进行交流或者参照其他留学生对个人 D 大学学生身份的认识，就会得到肯定的支持：他和我一样，也是这样的；他也是这样想的；我们都一样，我和别人都一样，不能刻意地特立独行；其实大家都是一样的。留学生在身份不适应时得到的支持，主要还是来自于中国人，来自于留学生周围的中国人。

[**案例一**]　我们老师经常和我说，中国人之间就是有一个小

① 《中国留学生遍布美国大学 数量正以几何级数增加》，http://learning.sohu.com/20100112/n269520980.shtml，2017-11-12。

的 kingdom，我们之间可以紧密地联系在一起。很多时候会听到中国人内部之间出现种种悲欢离合，还会有各种纠纷。但是，中国人之间的认识和行为方式还是有很多的相似性。她这么一说我也觉得确实是这样，但是也想不出什么其他的话来反驳她。我们之间交往比较方便，学校里到处都是中国人，我们的小区里，住了很多中国人，很多时候一天都不需要说英文的，只要讲中文就行。在这里的中国人的人数确实可观，像 campus walk，popular west 里都是中国人，所以这两个小区的治安也会好很多。

二、对精神不适应的支持

不论是谁也不论在哪里，人都有情绪波动的时候。心理的不适应表现在精神上是不愉快、烦闷、情绪持续低落且无回转迹象，有强烈的孤独感、失落感并无法排遣。在受访的女留学生中，除一人以外，均未发现有强烈精神不适应者。90%以上的女留学生都能够用自己的方式排遣精神上的不愉快，寻求心理的平衡点，中国女留学生在心理适应上与其他国家女留学生差异不大。但中国女留学生有自己的精神支持方式。

（一）以消费缓解精神不适应

随着中国家庭经济实力的增强和国家对于留学生资助力度的增加，目前留学生在国外受到的经济压力较十年前小了很多。在笔者采访的留学生中，除了几个硕士之外，大部分博士或者博士后都享受美国学校或者中国学校甚至国家提供的奖学金，不存在严重的经济问题。经济上无后顾之忧，一方面，学生们可以更好地投入到学习、生活中去，另一方面，学生们由于经济紧张所导致的精神不适应会少很多。

在与受访女留学生聊天过程中，其中有几个人都谈到了由于没有买车，所以在学校的活动半径比较小。在国内，当自己心情不好时，就喜欢出去走走或者逛逛街，但是在这里，没有车就没有办法出行，就只能选择另外一种消费方式——网购。美国有发达的商品销售网和物流网。网上购物方便、快捷并且不会有买到假货的风险。女留学生们可以用这种方式代替国内实体店购物的方式。在笔者的访谈对象中，有一位女留学生的话给笔者的印象很深刻，她说："在这里，白天做实验，晚上做饭，一点意思都没有，每天最高兴的事情就是收到包裹。"女留学生通过经济上的消费，缓解自己在国外因为生活单调而产生的烦躁、焦虑感。这是一种常见的缓解精神不适应的方法。通过购物能转移精神紧张和精神压力。

[**案例五**]　刚到美国的头两个星期，简直把我憋坏了——不能逛街啊！我在国内很重要的一个缓解精神压力的方式就是去逛街。我们学校周围有很多的商场和小店，晚上关门时间很晚。不管什么时候，只要我心情不好或者觉得闷就会出去买买东西。有时候就是花一点点小钱，买点小东西，但是就觉得舒服很多，就不会想那些不开心的事情。有时候什么都不买，就是出去看看，看看那么多人在商场走来走去，也会觉得很开心。但是在这里就不行了，头两个星期，认识的人不多，而且这里的公共交通实在是不方便，所以，我两周都没有逛街，天啊，你知道吗？真是闷坏了，我就向我室友打听有什么好的购物网站，也在自己喜欢的几个品牌的官网上买了一些东西。因为那个时候是圣诞节前夕，所以有很多品牌都在做活动，很多自己在国内舍不得买的大牌化妆品都在做活动，我这个高兴啊！我使劲地买了一些，我现在仍然记得，第一次在美国网上购物时，因为不知道其他的购物网站，我在倩碧、雅诗兰黛的官网上买了很多化妆品，都是有圣诞礼盒包装的那种，之后还买了Apple 的 MP3。因为不知道这里网上购物的物流时间需要多久，所以买了后也就没有在意。一个周五的下午，因为有点小雨，我导师送我回家，到了家门口，我就看见两个大箱子放在门口，我赶忙抱回家里，打开一看，当时的惊喜感现在还能体会到。两个箱子里面全是用圣诞礼盒包装的化妆品，突然间就觉得阴霾的天空中洒下了

一缕阳光，感觉它们是圣诞老人送来的圣诞礼物，包装那么精美、那么大的两个盒子摆在我面前，里面都装着自己梦寐以求的东西，当时高兴得我都流眼泪了。虽然这些东西都是自己花钱买的，而且也不便宜，但是，这种感觉非常美妙，就是觉得这钱花得真值得。几天来的孤独和寂寞还有不高兴都一扫而光了。我记得那天我自己还做了几个菜来慰劳自己。反正那种感觉特好，以后交通不方便、不能搭别人车的时候，我也经常会网购。现在认识的人多了，基本上每个月都会有一次去大商场的机会，平时每个周末都会去附近的大超市买买东西，工作日的时候还会去附近小一点的超市买点小东西。我们办公室周围有条比较繁华的小街，有几个挺有特点的小店，我也会去看看。就这样，觉得闷又没有什么好的消遣方式的时候，我就会买点东西，或者就是出去逛逛。每次逛完回来心里就不觉得难受了。

在中国留学生的论坛当中，很多女生将自己称为"败家MM"。甚至会有专区供女留学生讨论喜欢的各种消费品，包括消费品的价格、购买途径，如何得到优惠打折券，怎样购买可以拿到最为合适的价格，大家会互相借用VIP卡，还有召集"拼友"共同购买同一样商品以享受商家"买二赠一"等相关活动。在受访女留学生中，80%以上都参与过论坛讨论以获得各种购物信息和购物优惠。另外还有40%的女生通过论坛结识了一些特殊的朋友，大家并不见面，仅仅是依靠网络进行沟通，彼此互相帮助，通过开始的几次商品买卖的交往之后，发现彼此间有很多共同点和可交流之处，于是便成为不曾谋面的朋友，彼此倾诉，帮助对方解决生活中的各种不适应问题。因为具有共同的国外生活经历或者是相同的地缘、业缘，这些留学生之间的交流更加的单纯和直接，因为没有见面后的尴尬甚至根本没有见面机会，所以坦诚相见的机会更多，心理支持效果更好，这是通过经济消费获得情感支持过程中得到的意外收获，也是精神支持倾诉中的一种重要倾诉形式。

(二)各种形式的倾诉

美国有很多种专门针对中国的长途电话卡,价格非常便宜,打给中国国内的长途电话,除去本地通话费用外,一分钟只需要人民币一毛钱。基本上每个中国留学生都会有一张这样的电话卡用来和国内家人、朋友联系。打国内长途是很多中国留学生寻求精神支持的方式,这种形式不仅仅局限于语言,有时候还会有视频、多方聊天等其他形式。现在,随着微信等网络社交工具的普及,网络电话被代替了。

在受访女留学生中,有三位在国内已经成家,其中两位还有自己的小孩;除两位在美国有男朋友外,其他人的男朋友和家人都在国内,她们主要的社会关系网络也在国内,所以,即使在国外,她们也没有切断和国内的联系。在受访女生中,三位已成家者基本上每天都要和国内家人联系至少一次;两位有小孩者,基本上每天早晚都要和国内家人联系一次,每天都会和家人分享自己这一天的收获,同时,也会了解自己的家人尤其是孩子的境况。她们每天都会和自己的孩子视频,一位女留学生在早上起床后,也就是国内时间的晚上和自己的小孩视频,在孩子睡觉之前了解她一天的学习生活情况。她说,和孩子见过面之后就会觉得一天都有好的心情,一天工作学习起来都会觉得有积极性和精气神。到了晚上她又会和自己的丈夫聊天,这里白天发生了什么事情,她有什么想法都会和自己的丈夫交谈并且会征求他的意见。"他上个月刚到我这里住了两个星期,我在这里联系的人他也都认识,因为他是做生意的人,所以看问题比较具体全面,我有什么事情都喜欢和他商量,喜欢听听他的意见,如果这里有什么事情需要处理,我拿不定主意,那么最先想到的也是他,就是相信他。比如我打算买车,一直都定不下来买哪一款,这里的很多朋友就告诉我买个差不多的二手就行,大概花个三四千美元,不过他觉得这样不行,他也不放心我的开车水平,他觉得还是得买个好的,这样我开着他也比较放心。我就在网上看了半天,一直想买RAV4,不过这种车网上特别少,而且价格特高。不过我不想买那些比较便宜的,我老公说那些车子不好,不放心。"大概一周前,这个女生终于在网上买到了一辆老公满意自己也喜欢的 RAV4。另外几位受访女留学生，除一名来自新疆的女生外，其他人至少一周会和自己国内的亲友联系一次。她们会将自己在美国的各种生活状态和心理想法向自己最信任的人倾诉，同时，她们也想了解自己的亲友在国内的各种境况，了解自己国内的社会网络中各个成员的境况。在交谈中，女留学生更多的时候是作为倾诉方，向自己的家人和朋友讲述自己在美国的生活，讲述自己的所失所得。当她们觉得失落、需要帮助的时候，最多的倾诉方也是国内的亲友。

除了口头形式的倾诉之外，还有女留学生选择文字性的倾诉。一位受访女留学生告诉我，在美国留学的这段日子，是她创作的高峰期。起初的两个月，她每两周都会写一篇关于美国生活所感所想的博文，记录自己在这里的生活点滴和心路历程；当她觉得不愉快或者想要倾诉的时候，她会选择写一些短文，记录和抒发自己的感情。我曾经看到过一些她写的文字，其中都反映了这个女生在每个时期的精神状况。她用一种书信的形式写给一个虚拟的人，然后将自己的所思所想天马行空般地记录成文字，当精神状态好的时候，文字间跳跃着喜悦与灵动，当精神状况不好时，除了发泄与倾诉之外，自己也可以对自己进行安慰和鼓励。她的博文更像是一种自己对自己的倾诉，在倾诉中，紧张的精神状况得到缓解，不满或抑郁的情绪得到宣泄，愉快的心情得到释放。这种形式的倾诉也是一种有力的精神支持。这位女生是我见到的在美适应状况较好的一位，她用自己的方式对自己的精神状况进行适时有力的调整，逐渐适应了在美国的留学生活。

受访女留学生中，除一人在采访期间换过男朋友之外，其他所有人都拥有固定的男朋友。换过男朋友的女生在给我拜年时高兴地说，"××姐，我交了新的男朋友！他是我的邻居，我和他交往已经快一个月了，现在心情好好啊，每天都觉得特别高兴。我现在做事情很有效率，我周围的朋友们都说我现在变得越来越温柔，越来越有女人味。我自己也觉得心情爽朗了很多。虽然还是和 Marks（该女生的师兄，也是她的前男友。两个人相处了不到两个月，男方因为不想花费更多的精力在感情上，一心打算先完成学业然后再谈感情，所以提出分手。该女生对Marks 还有感情。分手之后，因为两个人还是要在实验室里朝夕相处，所以很多时候这个女生觉得心里有些别扭，做事情时总是不能集中精力)在一起工作，但是已经完全不会有任何的不舒服。"现在，这个女生找到了一个帅气的美国男孩做男朋友，从她的电话语调中就能够感觉到，现在她的精神状态很好，对生活充满了信心。她滔滔不绝地向我倾诉和现任男朋友在一起的种种愉快和喜悦，迫不及待地和我分享两个人在一起的甜蜜点滴。这个男朋友给予她的是一种焕然一新的精神状态。

其他几位没有更换男朋友的女生，从来不掩饰男朋友对于她们精神状态的影响。基本上每个人每天都会和自己的男友联系，用其中一个人的话来说就是"查岗与汇报工作"。

2009 年春节前的一个周三，案例一给我打电话让我帮她照顾 5 天她的宠物猫，她要飞去另外一个城市看自己的未婚夫。圣诞之后那个男孩在她这里待到 1 月初才回去，他们之间分开也仅仅只有 1 个月，但是这个女孩又要跑过去看那个男生。她告诉我，在这里没有谁对她的影响能够大过这个男孩。虽然已经在国外多年，习惯了一个人主宰自己的生活，但是，自己的思想和行为总是不自觉地受到现任未婚夫的影响。这个男孩子觉得她花钱大手大脚，总是贪图一些华而不实的东西，所以，她就尽量控制和改变自己的生活和消费习惯。每次和我一同购物，她总是会说："这个到底怎样，买还是不买。"我知道，每到这个时候她就是在用未婚夫的眼光来审视自己的行为。每次当她的行为受到未婚夫的赞赏时，她总是兴高采烈；当自己做了一些未婚夫觉得不对或者不合适的行为时，她都会自责，并想办法改进。

案例四并没有结婚，不过她总是喜欢称呼自己的男朋友为"俺家那个"。我在访谈中发现她左手无名指上有一枚戒指，觉得很奇怪，便问其缘由。作为典型的陕北人，案例四的回答也很直接，"这不是俺家那个让戴的呗，说必须得这么戴。"在西方社会，如果女性无名指戴戒指那么就会给外界传递一种信息，她是已婚者，男性与其交往时请慎重，这个戒指很像是丈夫对女性交往群体的一种告示和宣言。所以，她的男朋友对她的要求就是让她戴着戒指，对周围其他男士起到警示作用，用心之良苦可见一斑。这个女生欣然接受了男朋友的要求。她觉得她男朋友对她的影响最大。她在这里同一位在医院工作的中国中年妇女合租，这位妇女也是她的房东。因为房东阿姨给她准备了所有的家居用品，所以，她的房租要比其他租相同公寓的人每月多大概 100 美元。起初刚搬进来的时候，每当谈到这个事情，她总是抱怨，觉得自己的房租比其他人要贵一点，不过，自从她在和男朋友聊天时得到了男朋友的肯定后，情绪就好了很多。她说："俺家那个说这个无所谓，你看你省了多少事情，其他人来了之后还得去买床啊，桌子什么的，那么麻烦，而你和这个阿姨在一起，她什么都准备好了，别管好坏，你都不用再操这个心，有时候她还能关照你，给你提供点生活信息，这 100 美元花得值！"看来不论我们周围人的千言万语多么苦口婆心也抵不上这个远在千里之外的男孩子的片语只言。自从这个男孩子对她进行了思想教育之后，案例四再没有对自己的房租发过牢骚，而且还和房东阿姨相处得很不错，经常向我们汇报她最近又在和房东阿姨看什么美剧，或者她们的房间出了问题两个人如何合作修理解决，两个人如何与电信公司据理力争，抗议对方每个月多收的 10 美元网络使用费，等等。

三、对其他心理不适应的支持

除上述心理不适应的社会支持外，宗教和留学生服务中心也对学生的心理适应起到了重要的支持作用。

（一）宗教

在受访的中国女留学生中，除一位之外，其他人均参加过教会组织的活动，其中有两位还是已经受洗的基督教徒。起初与访谈对象不熟悉的时候，笔者并不敢贸然地和访谈对象谈其对于教会活动或者宗教信仰的看法，一是不知道访谈对象对于宗教的态度，二是因为笔者在国内并没有过多地参与宗教活动，所以起初在设计访谈问卷时，对宗教力量没有过多的估计，忽略了这个重要的测量维度。随着自己在 D 大学时间的增加，接触面的扩展，笔者开始逐渐认识到宗教对于在美华人的影响。因此在随后的访谈中，笔者有意地增加了对于宗教的讨论，从而发现宗教在女留学生心理适应方面具有相当的地位。

教会组织是美国社会的一种特殊力量，教会对于华人生活的影响并不仅限于思想，还包括各种生活上的帮助。D 大学最具标志性的建筑之一就是校园中的教堂，教会活动信息也频繁出现于学校各种报纸杂志上，教会的影响也涉及学校留学生的衣食住行等方面。

在受访的中国女留学生中，所有人都坦言得到过当地教会组织的帮助，有的帮助是来源于华人教会，有的则是来源于美国本土教会。这种帮助一方面来源于物质和生活上的帮助，比如说购物、置办基本生活用品等；另一方面来源于心理和精神上的帮助，如排解寂寞情绪、寻求鼓励、寻找倾诉对象，等等，虽然这些社会支持在前文中也有涉及，但是，此处的支持是以教会形式出现的，不局限于某一个人或者某一个特定事件，而是以教会为背景萌生出的一些人和一些事。教会聚集了一群有共同信仰和追求的人，这些人以教会的名义对需要帮助的人进行各种帮助和支持。用宗教的力量给需要帮助的人给予帮助，为寻求精神寄托的人提供寄托。有一位受访女生到美国已经有三年，并于 2009 年末接受洗礼，成为一名基督徒。她坦言到美国之后，接受到了宗教团体的帮助，发自内心地感激教会给予的支持，因此完全接受了教义，自己也皈依于该宗教。

笔者与案例九一起吃饭，她总是会提议在饭前"谢饭"，一开始其他人会觉得有点别扭，因为热气腾腾的饭菜摆在面前又不能马上动手，看着有些不习惯。经过几次交往之后，我向案例九坦言了自己的想法，随即和她聊起了信仰问题。

[案例九] 我是今年刚到美国来的，之前一直在北京。来之前也没有什么绝对的宗教信仰，也没有加入什么党派。2009 年 8 月过来之后，因为人生地不熟，最开始对我进行帮助的就是教会的

人。我住的小区是中国人到 D 大学来留学时首选的地方，因为这里中国人很多，来之前通过网络联系到的中国留学生大部分都住在这里，所以很自然的她们就会推荐自己所居住的小区，而且离学校比较近，上学上班都方便。刚来时，就是教会的人带着我上学、上班、买菜。我的导师也是基督徒，她很善良，工作认真，待人真诚。我遇到困难时，这里认识的教会的人就会帮助我。刚到这里时，除了工作学习之外，没有任何事情可以做，每个周末就会参加教会的活动，有团契，有圣经学习还有其他的一些课程，天气好的时候教会会组织野炊，逢年过节，教会会组织很多庆祝活动，在其中可以认识很多人，扩大自己的交际圈，我的业余时间和精力后来就都放在了教会活动和教会生活上。这里的人友善、热心，态度积极，对陌生人也很好，这点我很受益。慢慢的，我自己也开始信仰他们所信仰的东西。"

案例六是从吉林大学来的访问学者，在当年圣诞节前三天到达 D 大学，她的飞机到达 D 大学附近的机场时是晚上 11 点左右。在这里她不认识任何人，而且她本人也是第一次出国，所以，她很希望能有人去接她。于是她在 D 大学的华人论坛上发了一个帖子，一位素未谋面的教会成员主动请缨去机场接她，因为罕见的大雪导致华盛顿的所有航班延误，她的飞机也不得不临时更改航线，导致她在亚特兰大机场多转了一次机，到达目的地的时间比预期时间晚了将近一天。教会负责接她的工作人员跑了两趟机场，在第二天晚上 11 点多把她送到公寓。因为航班延误原因导致了行李的丢失，教会那位接她的工作人员又忙前忙后，终于在圣诞节当天找到了她的行李并安全送到了她的寓所。教会这位工作人员所做的一切对她的影响很大，未曾谋面的陌生人能在一个人最无助、失落的时候不计回报地以教会的名义给予帮助，这对她的触动很大。现在，她每周都会乘坐教会的车去附近超市买菜，每周都会参加教会组织的活动。她喜欢和教会的人交流，随着对 D 大学慢慢的熟悉，她也开始像教会的人一样主动地向新到此的留学生提供帮助。

[**案例五**] 我不信仰宗教，咱是党员，但是我不得不说，我参加了一个美国人举办的教会活动，叫作 alpha course，每周三晚上去一个美国人家里聚餐，然后大家收听一段讲座，一边品尝甜点一边讨论讲座的内容。每次聚会有 5~8 个人不等，会有教会的人专门准备各种美国菜给我们享用。说实话，我不相信她们说的。这并不是说他们说的不对或者不好，只是我本身有点排斥精神寄托，或者说是比较敬畏精神世界。因为敬所以产生了畏，所以对宗教敬而远之。但是我不得不承认，我很喜欢每周三的这个活动，如果没有特殊情况，我一次都不想耽误。每次去一方面可以和美国本地人在一起锻炼一下英文，同时品尝地道的美国食物，另一方面可以净化心灵，接受一种感染，这种感染也是一种心理上的震撼，我始终搞不清楚为什么这些美国人会心甘情愿地为陌生人提供食物，为陌生人解决问题，给予陌生人关爱。每次从那里回来，我都会有一种莫名的感动和喜悦，总是会觉得很温暖。当接下来的一周又遇到不愉快或者什么其他事情时，也都能很好地调整自己的心情，那种温暖的状态会持续影响我很长一段时间。

(二) 留学生服务中心

每年都会有大量来自世界各国的留学生到美国学习，因此，每所大学都会有专门为留学生服务的留学生服务中心，D 大学也不例外。

来自世界各国的留学生到达 D 大学之后，都需要在 International House 注册，成为其中一员之后，可以享用很多 International House 提供的资源。如 International House 每天都会举办性质不同、种类繁多的讲座、交流会或者是各种专业辅导、语言辅导、交友会、舞会、电影交流会、心理测试活动，等等。它利用自己的邮件系统向在 International House 注册的留学生发布各种信息，各国留学生都能够参与到 International House 所组织的各项活动中。案例十告诉我，上个月她想去亚特兰大，但是自己没有车也没有找到合适的旅伴，就在 International House 上面发布了信息，果然有人愿意拼车前往。这样她如愿以偿地实现了自己的旅行计划。International House 会刻意留意女留学生的生活，组织各种专门针对女性的活动，如讲座、座谈会、茶话会，等等。ZCM 是一位来自中国的访问学者，可能是和她的研究方向有关，她很热衷于参与 International House 组织的各项女性活动，几乎每场必到。参与这些活动占用了她的大部分时间，她坦言，在这里没有什么大的科研压力，就想了解美国社会，International House 为她提供了很好的平台，让她有机会结识一些美国本地人和一些其他国家的外国留学生。

留学服务中心为来自各国的留学生提供了询问信息、分享信息和获取信息的平台，同时，各国留学生可以借此找到心仪的朋友，获得各种未曾预期的社会支持。在与陌生人特别是不同文化背景、不同生活经历的人交往的过程中，因为相互之间公共的社会交集网较少，不用担心个人隐私的泄露，所以交往者彼此之间容易放松戒备，有一种因为距离而产生的安全感。某访谈对象很形象地将能够倾诉心声的陌生人称作"心情垃圾桶"。

同 International House 当中的其他留学生交往，可以满足中国女留学生心理上的"合群的需要"。从产生行为动机的心理需要来看，可以分为三个方面，即本能、合群需要和自我肯定的需要。心理学家沙赫特（S. Schachter）曾经做过一项实验，探讨处于孤独状态下的个体的合群需要。主试者先将被试者分为高恐惧组和低恐惧组，在高恐惧组条件下，主试者告诉被试者，他们将参加一项电击实验，电击会很厉害、很痛，但不会留下永久性伤害，而且这项研究是为了获取有关人类发展的某些有用的资料；在低恐惧组条件下，被试者被告知，电击时只是有点痛，感觉有些轻微的震动，不会有任何伤害性后果。然后，在被试者等待接受电击的时间里，研究者逐个询问他们，是愿意独自等待，还是想与其他人一起等待。结果发现，当个体对周围环境缺乏了解和把握，当个体心情紧张、有高恐惧感时，他们倾向于与他人在一起，倾向于寻求他人的陪同。而处于低恐惧的情况下，这种合群的需要并不那么强烈。

可见，与人交往能增加人的安全感，减低恐惧感。我们在日常生活中也往往如此。例如，当你得知你的某个观点被他人反对时，你一定会觉得很沮丧，同时会有一种恐惧感。可是，如果这时你知道与你持同样观点的不只你一人，你就会感到恐惧感减轻，并得到了安全感（Schachter，1964：49-79）。如表5-1所示。

表 5-1　孤独感统计

条件	与别人待在一起	无所谓	单独	合群程度
高恐惧组	62.50	28.10	9.40	0.88
低恐惧组	33.00	60.00	7.00	0.35

在与通过 International House 结识的陌生人交往的过程中，女留学生能够找到具有相同的孤独感、陌生感或者兴奋感、喜悦感的外国留学生，分享和倾诉自己的心理感受而不必有若与中国人交往可能会在中国人圈子当中损坏个人形象等顾虑。

[**案例五**]　我是一个不喜欢和别人倾诉自己隐私的人，有什么事都是自己考虑自己做决定，因为不轻信别人嘛，不想让别人知道自己过多的秘密。但是到了美国之后，我发现自己比以前更愿意和别人倾诉了，不过一般都是和外国人倾诉，我觉得外国人本身比较坦诚，她们很多时候喜欢聊天，有些留学生很开朗，喜欢和我说自己的生活，有时候我也尝试和她们说说自己的心里事，说完了就完了，不会再去担心这个人会不会和别人说，这个人会不会泄露我的秘密。打个不是很恰当的比喻，我觉得这挺像我小时候看到的一个童话故事，就是说一个人有秘密，实在闷到不行，就在一个大树上钻了一个洞，然后把自己的秘密说给大树听，说完之后就觉得整个人轻松了很多。我也是这样，和这些外国人说完了就说完了，自己舒坦了，我想也没有给别人造成什么影响，而且很放心，一点不

怕对方泄露秘密。

四、社会支持需要加强和改进的地方

（一）经济支持渠道需增加，将自创经济支持与他人经济支持相结合

在所有访谈对象中，出国留学之前有过工作经历或者有一定经济收入者，在出国留学过程中相对于其他同等条件的同学具有更好的经济适应能力，能够在满足自身基本生活需求的前提下进行各种享受性生活。若单纯依靠他人提供经济支持，则经济支持来源的稳定性和经济支持的力度通常会打折扣。

访谈对象中，单纯依靠家庭或固定个人提供经济支持的，往往平时生活中的经济消费能力较低。能够找到个人、组织、国外资助机构等多种经济支持主体帮助的留学生，生活中的经济压力相对较小，能够在此进行必要的享受性消费，还有少部分人可以选择入住高档公寓或者购买高档轿车、高档时装、护肤品或者去高尔夫会所等高档会所进行炫耀性消费。经济支持获得程度较好的学生能较快地适应国外留学生活，更加容易进入状态。

（二）精神支持来源需扩宽，提高精神支持效果的实际性

从受访女留学生所获得的精神支持来看，即时性精神支持较多，长久性精神支持较少；从留学地获得的精神支持力量较小，从国内获得的精神支持力量较大；从正式性组织中获得的精神支持较少，从非正式组织尤其是个人处获得的精神支持较多。中国留学生赴美学习过程中，对人、对事的信任仍旧来自于中国人的思维模式。美国本地人所信仰的权威是建立在被信任者本身的资质为全社会认可以及被信任者本身所具有的社会公共权威，中国留学生的信任大多数依旧是延续其在国内的信任

渠道和信任模式，不会过多地相信美国本土公共权威，而是更多地相信关系，相信通过自身或者其他方式建立起来的对于与自己有联系的熟识的人的信任。所以，大多数中国留学生的精神支持来源于熟人。只有极个别人的精神支持来源于公共组织或者公共权威。这样的精神支持模式的优点是所获得的精神支持具有针对性，获得时间随意，获得方式多样，精神支持的即时效果好。但缺点是所获得的支持的理性成分小、感性成分大，且稳定性差，对留学生美国生活的直接影响小，留学生在获得支持之后往往会对所获得的精神支持进行自我筛选和自我评估，并选择自己认为更合适的。

第四节 小　　结

在社会适应方面，笔者通过对在美国 D 大学的中国女留学生的学习适应中的社会支持、生活适应中的社会支持和心理适应中的社会支持进行研究，得出以下结论：

第一，在学习适应中的社会支持方面，导师、学校留学生服务中心、留学生的同学、朋友、家人和其他一些国内的社会关系都是学生们学业支持的来源。学生们的个人性格特质，所学习专业、赴美留学时间的长短都对她们的学习适应产生影响。性格开朗、善于与人沟通的学生，能够积极地通过自身调整或他人寻求帮助，来解决学习适应中的各种问题，即使没能解决学业中的各种困难，良好的性格也往往能够帮助正确认识学业中的各种不适应，以此使她们变相地适应学习状态。学习社会科学类专业的学生比学习理工科专业的学生解决学业适应中困难的途径更多，外界的支持对其学习困难的解决的帮助更大。初到美国学习的留学生在学习适应中急需解决的问题多、内容杂，解决起来比较容易，随着时间的推移，遇到的问题数量会减少，但内容会更加复杂，解决难度增大。

第二，在生活适应中的社会支持方面，语言适应的社会支持来源广，既包括各种正式的组织，如国际交流中心语言培训部门、社区语言培训部门，也包括非正式组织，如同学、同事、教会组织成员和其他社会组织。亚洲学生与欧洲学生相比语言适应难度更大，需要的支持更多。身份认同方面，硕士研究生因为学制短、在校时间短，所以对个人 D 大学学生身份认同感不强，大部分中国留学生的中国人身份认同感较高，而对个人的社区成员身份认同感较低。这一方面是由于学生们在寻求提高身份认同方面的社会支持时，往往不能够找到有力的支持来源；另一方面，身份认同与个人所接受的教育和获得的文化熏陶有重要影响，很难在短时间内有所改变。

关于休闲支持的获得方面，当地中国留学生和中国人团体是主要的支持来源，此外的教会组织、学校组织和其他临时性非正式组织也是学生休闲适应的社会支持来源。支持效果方面，非正式组织的支持效果明显，正式组织的支持效果有限，教会组织的支持的宗教性质弱、娱乐性质强。

关于经济支持方面，不同层次的留学生对经济上的追求各有不同，但是不论留学生自己的经济条件怎样，她们都会有经济压力。经济压力的形式也各异，有的表现为基本生活需求，有的表现为享受性需求。留学生的经济支持来源包括有各种正式组织如国家留学基金委员会和当地各种基金会和奖学金组织，同时也包括以家人、亲友为代表的非正式组织，不论何种来源，经济支持的效果明显。

第三，在心理适应中的社会支持方面，当出现心理不适应情况时，女留学生或选择通过消费以缓解孤独、寂寞等精神不适，或通过各种形式的倾诉排遣心中积郁，或通过宗教信仰转移注意力，或向正式的学校留学生服务中心进行倾诉。各种形式的支持效果显著。

比较了各种形式的社会支持后，笔者认为需要在两个方面进行改进：一方面，应该增加经济支持渠道，将自创经济支持与他人经济支持相结合；另一方面，要拓宽精神支持来源，进一步提高精神支持效果的实际性。

第五章　留学生活适应策略

第一节　学习适应策略

对于大多数的留学生来说，学业上的适应较其他方面是更加容易的。学业上的适应取决于三个方面，一是语言掌握程度，二是来美之前的专业基础，三是学习习惯的适应。

一、提高语言运用能力

在笔者看来，语言是留学生在美国生活的基础。如果不能够跨越语言的障碍，那么，其他各方面的适应都将会受到严重的限制。在国外的生活学习中，如果说文化的冲击是最猛烈的，那么语言的折磨就是最直接的。很多到美国的中国留学生，从一下飞机开始，就有一种置身于真空不能呼吸的感觉。从一种语言环境到另外一种语言环境，若没有充分的认识，那么很容易就会有一种头脑一片空白的感觉。也有很多人因为不存在语言的障碍，所以到美国之后面临的学习冲突很少，至少冲突期很短，很快，她们的学习生活就像涂抹了润滑剂一样开始良性运转。在语言方面，攻读学位者特别是那些自己申请赴美学习而非公派的留学生，她们的英文水平显著好于过来做短期交流的学者和学生。她们的学业适应显然会优于来做访问交流的学生。

[**案例五**]　刚下飞机，我就晕了，虽然来之前也看了一些关于出入海关的东西，但是可能是自己准备不够充分吧，反正好多东西一下子都不认识了，感觉自己有点像文盲，只能看图说话，看各

种图例指示，傻乎乎的。不过中国人爱面子嘛，所以虽然下飞机后感觉有点饿，不过看着那么多的机场餐厅有点不敢进去，因为怕自己不会点吃的。后来的一两天，语言上还是有一点点的不习惯，很多东西都需要转换。刚开始出门的几天我身上都带着一个电子词典，因为超市里面很多东西都不认识，不知道是啥东西。不过当我坐在办公室看文献的时候，这种感觉就没有了。因为以前就看过相关的东西，所以感觉都很熟悉，遇到不认识的东西直接在线查就好了，反正不需要马上做出反应，所以就放松了很多。学习上听力还是有点问题，特别是专业术语较难听懂，因为老师讲课是不会兼顾非英语国家学生的语言基础的，他们都是正常语速，有时候会说很多的专业词汇，这个是最麻烦的。不过也还好，因为自己在国内毕竟是学习过英文的，现在是适应期，只要听顺耳了就好。我如果去听课就会带一支录音笔，感觉自己听不懂的地方就录下来，回去之后重新听一遍，这样多听几遍就没有问题了。而且我是过来交流的，不用修学分，学习压力不大。

[案例二]　我英文很好，来了之后从来没有感觉到自己在语言上有什么障碍。当时在国内读大学的时候学院里面有什么英文讲座之类的都会让我去做同声传译。所以我觉得在这里学习和国内没有什么区别。我们实验室只有两个中国人——我和另外一个香港人，我们在一起不论做什么事情都是讲英文的，所以，英文和中文对我来说都是一样的。如果你现在让我用中文写一份研究报告，我还真的不会写了呢。即使是我刚来美国读硕士的时候，也没有觉得学习上有语言障碍。我当时在国内学习英文很厉害的。

[案例一]　我也没有特别注意过语言上的问题。不过刚开始的几个星期上课可能会有点不适应，不过很快就没有什么感觉了。我在这里已经三年多了，说的是"鸟语"，写的是"鸟语"。平时在家里就是一个人，我在这里朋友也很少，很多时候除了给家里打电

话之外可能也没有更多的机会说中文。我的英语还行吧，我从大二就开始准备申请学校，很用心地准备了很长时间。

[案例三] 我平时在这里和导师见面的机会很少，主要时间是待在自己的办公室里面，我的大部分朋友都是中国人，平时用英语的机会很少。我们这个专业的课不多，我听的也很少，UNC 有相关的课程，本来应该去听的，但是也没有去成，现在再过几天就要回国了。在这里主要是把博士论文写完了，其他倒没有做什么。我觉得英语的影响不是很大，用得少嘛。基本的生活用语加上可以逛街、吃饭的语言能力就够了。

[案例六] 我现在就怕看英语，一看到这东西就眼晕。来这里办这些事真麻烦，一下飞机我就觉得麻烦了。哎呀妈呀，我觉得小史他们的英语真好，我也得练习练习。

需要说明的是，案例六来美国的经历挺坎坷的，因为赶上美国暴雪，所以航班都延迟或取消，本来她的航程应该是从北京到纽约，再从纽约到罗利。但是因为大雪航线受阻，她在亚特兰大和另外一个城市转了两次机，还把行李弄丢了，坐了 20 多个小时的飞机才到达 D 大学，头几天都没有行李，还是室友好心借给她生活用品。所以，她赴美的头几天可真有点感触，虽然接受笔者访谈时已经过了 2 周，但她还是对自己的语言能力耿耿于怀。

语言是学业适应的第一步，如果没有做好充分的语言准备，赴美之后很可能会经历一段艰辛的适应期，很多时候若没有别人的帮助会觉得无所适从。对于大多数希望尽快适应美国学习生活或者是对赴美学习有美好预期的人，在国内，应该做两方面的英语学习准备。一方面是日常交流的英语准备，主要是衣食住行方面的常用语言，至少要保证落地之后的基本生活不会受到很大影响。另一方面是专业学习方面的准备，英语是学业上唯一的通用语言，也是进入学习状态的快速通道，如果在国内能够有良好的语言基础，赴美之后就能很快地进入学习状态。如果能够在学业中马上找到自己的位置，会首先得到心理上的自我满足，在今后的生活学习中，至少会有一个支撑点，这样在今后的社会适应中也会给自己带来满足感。毕竟对于大多数的留学生来说，学习是到此的主要目的，相对于社会适应和心理适应，学习适应是最简单的。因为与静态的书本打交道要比与动态的人和事打交道容易得多。

国内目前关于语言培训的机构多如牛毛而且质量良莠不齐，留学生若经济条件和时间允许，不妨在出来之前根据自己实际的英文情况进行一个短期的培训，对出来之后的学习状况有一个简单的了解，这样可以避免初到美国时强烈的语言不适应。通过笔者对访谈对象的了解，大部分攻读学位者在出国之前都有参加过类似的语言辅导机构，而且从中都有或多或少的收获，这些收获对于初到美国的学业适应有很大的益处。

二、储备良好的专业知识基础

大多数中国留学生赴 D 大学学习都会选择该校在国际上排名较靠前的专业，这些专业的教学水平和科研水平均位于世界前列，相对于中国留学生在国内所学的内容，这里的研究内容更加的深入、交叉、前沿，研究方法更加复杂专业，如果留学生在出国之前没有对所学专业的前沿有较多了解，特别是对 D 大学的相关研究了解较多，那么到了之后会很快融入到该学校的研究团队之中，不会有过多的门外汉的感觉。如果具有了良好的专业知识基础，那么，在学习过程成很容易达到学校的要求，学业上的成就感是很多来美留学学生生活满意度中的重要支撑。

[**案例九**] 上个学期成绩挺好，可以继续拿到最高的奖学金，这样我就可以后顾无忧。其实这里的一些课程挺简单的，因为我以前在中科院学过，在国内做这方面也做得挺好，这些我有基础的东西在这里学起来就上手得很快，效果也很好。这次考试都拿了 A，

是个挺好的开头。我的硕士学位是在国内读的，所以和一直在这里读的学生还是有一些差距，得到好成绩对我来说是很大的安慰。

三、改善学习习惯

（一）学习时间的调整

在受访女留学生中，有几位明确表示自己不习惯中午工作或者学习，十几年养成的午休习惯一时间难以改变。同时，相当部分从国内来进修的女留学生都表示不习惯深夜甚至凌晨与同学开会讨论学习，不习惯在午餐时间一边吃饭一边听讲座、参加讨论小组。种种的不适应其实都是学习习惯不适应的表现。笔者认为，生活习惯和学习习惯的养成除了客观环境的制约之外还有个体主观认识的制约。一些女留学生的午休习惯在外出旅行或者紧急事件出现的情况下都会被打乱，所以，这些习惯的更改并非完全是身体原因，很大程度上是思想认识方面的阻挠。从观念上调整对于午休时间的认识，将原本的午休时间看成是正常工作时间，可以控制自己在午休时间的工作内容和工作数量，尽量将自己感兴趣的学习任务安排在午休时间完成，提高午休时间工作的紧张性和积极性。对于一些女生来说之所以不适应夜间学习很大程度上是考虑到交通状况、生活安全，并不是对于学习讨论本身的不适应。面对这样的情况，女留学生可以提前解决交通困难，如请同学、同事帮忙接送到讨论场所，或者提前熟悉当地的交通系统，预定出租车或其他公共交通工具，或者主动邀请其他学习讨论者将讨论学习场所安排在自己熟悉的地方，等等。

（二）学习方式的适应

在澳际国际出国留学公司提供的《澳际留学 2008 中国留学年度报告》中也谈到了中国留学生在澳洲的学习适应中学习习惯不适应是最主

要的问题。该报告称，在国外院校看来中国留学生"和教授沟通能力较低；愿意单独学习，而不适应小组讨论等形式的集体学习；创新个性思维不够，普遍不具备挑战权威的勇气；有少量不诚实的行为，例如考试作弊和论文抄袭等问题"。这些问题同样存在于笔者所采访的中国留学生当中。其中不习惯于参与小组讨论是笔者所采访的留学生中普遍存在的问题，一方面是由于语言表达的障碍，留学生在学习过程中有时难以用语言准确表达自己的观点和思想，因此学生们尽量避免讨论问题，另一方面是由于中国学生从小接受到的学习习惯是提倡自我钻研，提倡自己领悟，所以这种方式也一直延续到后来的学习当中。美国开放式的教育环境要求学生们能够参与讨论、加强合作、勇于表达自己的观点以挑战既有权威，这些都是与中国学生学习习惯相冲突的地方。学生们需要有一种自我强制意识，强迫自己参与到既有的讨论活动中，即使开始只是处于被动地位，仅仅是个倾听者，但是也要强迫自己多多参与，培养自己形成一种讨论学习的思维模式，一旦度过了最开始的艰难期，进入正轨之后，学习方式的适应就会容易很多。

个人尽量在生活中也营造讨论学习的氛围，可以请周围的邻居、同学，参与到自己学习内容的讨论中，特别是请自己较熟悉的中国同学、同事参与到自己的学习中，可以对一些即将进行小组讨论的内容进行演练和预习，提高自己在正式讨论中的积极性和自信心，形成学习方式适应上的良性循环。

第二节 生活适应策略

一、如何适应语言

社会中的语言适应和学习中的语言适应不同，主要集中于生活用语。在美国的衣食住行都需要用到英语，很多留学生到此之后的一段时间不知道如何去超市，不知道如何买东西，不知道怎么乘坐交通工具，不知道怎么买电话卡，怎样办银行卡，等等，生活陷入困难。经过调查，基本上所有的受访留学生在到 D 大学之前，都已经和这里的中国人取得了联系，或者是自己的室友，或者是来自国内同学校、同地区的中国，或者是自己的同门，还有一部分是直接与当地的华人教会取得了联系，到了之后，都会有人做向导并为其办理相关手续。但是过了这段时间，还是需要自己来慢慢地熟悉环境。语言是工具，每行走一步，都需要使用。通过与众多中国留学生的交流来看，主要有以下几种方式可以让留学生尽快适应。

(一) 参加学校针对国际学生的活动

因为国际留学生非常多，所以 D 大学有很健全的留学生服务，其中包括各种语言服务，他们会定期组织本地讲英语的留学生与其他非英语国家留学生结成互助对子，彼此建立联系。International House 的这种活动提供了很好的机会让国际学生之间进行联系，也有相当一部分中国留学生参与这些活动。

(二)参加教会组织的各种活动

教会是很多女留学生进行英语语言学习的途径。华人教会组织在美国对华人圈的影响非常大，很多以前并没有宗教信仰的留学生到美国之后，因为与当地华人教会成员接触得多了，耳濡目染间从对华人教会成员的好感中萌生了对于教会的好感，进而对相关宗教教义和宗教理念产生了兴趣，经过频繁接触，最终受洗成为教会成员。在 D 大学所在城市的教会活动中有一个类别叫作"听圣经故事"，每次都会有本土英语国家的牧师讲解圣经当中的故事，很多留学生将此作为一种练习听力的好方法。参与这样的活动，能够在认识人、获得知识的同时练习自己的听力能力，一举两得。

(三)充分利用自己周围的研究环境

很多留学生赴美主要是参与到各种研究机构的研究之中。除了上课之外她们的大部分时间都是在实验室或者研究中心度过的，与同事在工作上的接触比较多，所以留学生应该充分利用与美国同事接触的机会进行语言交流。首先，放下中国人的面子。大部分赴美学习者都是在国内具有一定社会地位或者学术地位的学者或者老师。所以"爱面子"心理比较严重，很多情况下不愿意首先向别人开口或者先找话题与同事交流。其实这是学习语言的禁忌。留学生应该深刻认识自己赴美学习的目的，为了达到出国深造、学有所成的目的，放下曾经的身份符号束缚，以一种兼容并蓄、开放的心态去面对周围的同事、同学。充分利用每一次交流的机会练习自己的语言。

(四)大量收听收看当地的英文节目

美国传媒与中国传媒相比，开放性更强，所涉内容更加广泛，各种媒体的接收更加便利，几乎所有的公共场所都可以接入无线网络，留学生可以随时收听收看各种媒体消息。通过调查，100% 的中国留学生都会带个人笔记本到美国，而且 100% 的留学生都会以上网作为自己接收信息的主要方式，因此，充分利用各种网络资源，在不影响学习的前提下每天阅读一定量的英文文献或者收看一定量的英文节目，日积月累，既能够了解美国社会生活境况又能够锻炼英语听说能力，还能够放松心情并转移工作学习中的紧张情绪，是一举多得的好办法。

(五) 参加当地专门针对外国人的英语培训

若留学生的时间、经济、精力三方面都允许，那么不妨参加当地组织和社区组织的专门针对中国人和其他非英语国家人的英语培训。这类英语培训往往针对日常生活用语，内容简单，培训周期因人而异，培训起点低、见效快，是针对性强、效果好的提高生活用语的学习途径。

二、如何适应身份

身份认同本身是一个个人从情感和价值意义上对自身的审视。即认为自己是某个群体的成员或者自己隶属于某个群体的认知，这种认知完全是通过个体自我的心理认同来完成的，是通过认同来实现的。可以这样认为，身份认同可以分为两个方面，第一个方面是内在的群体认同，即群体成员在主观上所具有的群体归属感，即"我们"是谁；第二个方面是指社会分离，也即社会对某一个群体的归类和划分，即"他们"是谁。R. jenkins 说："认同的概念的现代功能事实上包含人际关系中的两个基本因素，即给予人们统一性的关系和基于差异性的关系。简要地说，即意味着一方面认同概念揭示了'我们'是谁的问题，另一方面，又区分了'他们'是谁。"（周明宝，2004）

在对个人社会角色的认识上，要认识到自己是个"外国人"，具有与美国本土人不同的外表、文化背景、内心认识水平和处理问题的方式方法，如果一味按照美国人的个人身份认同去要求自己，本身即是对自己身份认识的不准确。对"我是谁"认识的不准确，过高或过低地对自己的身份提出要求，本身就是身份不适应的一种表现。

在对他人身份的认识上同样不能偏激，不能仅凭个人的观察和认识判断他人的身份，在对他者与自己不归属于同一身份群体这个认识上，同样需要注意个人判断的狭隘性。个人不能归属于他者的群体并非仅仅是个人问题，相当程度上还可能是他者本身的排斥或不认同，所以不能将这种不能获得归属感的原因仅仅局限于自身。

三、如何适应社会参与和学校参与

中国学生相对于其他欧美国家学生来说，社会参与和学校参与都较少。中国学生在美国学生社团中的比例与其本身在美国学校学生总数中的比例不相称。中国留学生要想提高其社会适应能力，需要以美国式的方式生活。美国各种社团的加入与退出都极其简单，很多时候只需一个在网上注册的步骤，就可以享受到一种有组织的归属感。中国留学生参与到各种各样的社团中，可以接触到各种不同类型的人，参加各种社团组织的活动，在其中展示自己的特长，能够增加自己的自信心和责任感，自我肯定意识增强。通过自我内心的不断强壮和外界称赞的加强，自我肯定意识增强，自我表现意识加强，与此同时形成良性循环，留学生将更加愿意参加社会活动，同时其社会适应能力也会随之增强。

[**案例一**] 我在这里朋友很少，我喜欢空手道和攀岩，所以参加了这两个协会。一开始也没有当回事，就是因为太闷了，想打发时间，不过慢慢地喜欢上了，还建议我男朋友(现在已经成了未婚夫)一起参加，现在他已经练得有模有样了。我觉得挺好的，在里面和其他会员接触，心情很好，我们一起讨论一起活动，生活丰富了很多。我每周都去，你看我手上全是茧子，得多买点手部磨砂膏了。

[**案例二**] 我每周六都会去教会的。所以周六你打我电话我都听不见，我要不关机，要不就设成静音了。来之前我是没有宗教信仰的，不过在俄亥俄州读书的时候我就开始参加各种宗教活动，

现在已经三四年了，最近我就要受洗了。我现在真的有了信仰，真的相信了。他们（教会里面的人）人都很好，很 nice。

[**案例五**] 我会参加很多活动，健身中心、舞蹈俱乐部，还有中国留学生聚会我都参加。我来这里就是体验生活的，我必须给自己找点事情做，这样才不至于那么想家，这样才让自己真正体验美国社会。我需要多和美国人交往，如果仅仅是和中国人在一起，那我来美国干什么？我在中国就很好了，还用过来受这个罪吗？

第三节 心理适应策略

心理适应是其他适应的前提，很多时候对于中国留学生特别是女留学生来说，过了自己心理那关基本上就已经在美国适应了一半。来美的中国女留学生，基本上可以分为两大类，一类人性格外向，适应能力极强。能够和周围的人打成一片，从来不会感到寂寞或无聊，总是有事情做，每天忙忙碌碌的，很充实，生活也比较多姿多彩。这类人多是社科类的学生，有足够的奖学金支持生活，不用担心生计。另一类人性格相对内向，不善于主动与人沟通。多数时间沉浸于自己的学业中，想参加各种活动，但是因为不能或者不愿意主动与人接触，所以很多时间会自己一个人独处。学业上同样出色，但是很多时候总是感觉到有些空荡荡的无助和失落。

[案例十四] 这里一点都不好，吃得不好，美国东西难吃得很，住得不好也没有什么合得来的人。我国内的导师对我很关心，总是嘘寒问暖，不过这里的导师太忙了，平时也见不到，大部分时候都是我自己对着电脑做实验。我和室友相处得也不好，那个人和我的作息时间不同而且性格挺奇怪的。我不喜欢美国，感觉这里的月亮都是丑的……

不论怎样的心路历程都是可以理解的。如何调整各种心情，让自己更加容易适应在美留学生活，笔者认为应该注意以下几点。

一、对自己有客观的评价

很多赴美学习的中国留学生对自己的评价远远高于自身实际情况。20 世纪，国内对于出国留学的认识不准确，大多数家庭都将出国留学特别是赴美留学看成是高不可攀甚至光宗耀祖的事情。任何人只要能够赴美读书，对于其家庭和其个人来说都是值得宣扬的好事。周围的邻居、朋友往往会对这些出国留学者表示羡慕和赞赏。虽然近些年来，中国人通过各种途径赴美学习的机会激增，中国赴美学习人数以每年 5%以上的速度增长。如图 6-1 所示，2008 年较 2007 年增加了 60%，这导致美国的本科生入学人数增加了 11%，研究生入学人数增加了 6%。2009 年，美国总统奥巴马代表美国政府提出要对中国留学生"扩招"。截至 2015 年底，我国各类出国留学人员总数达 300 万人①，所以，

近10年中国赴美留学人数

（人数）

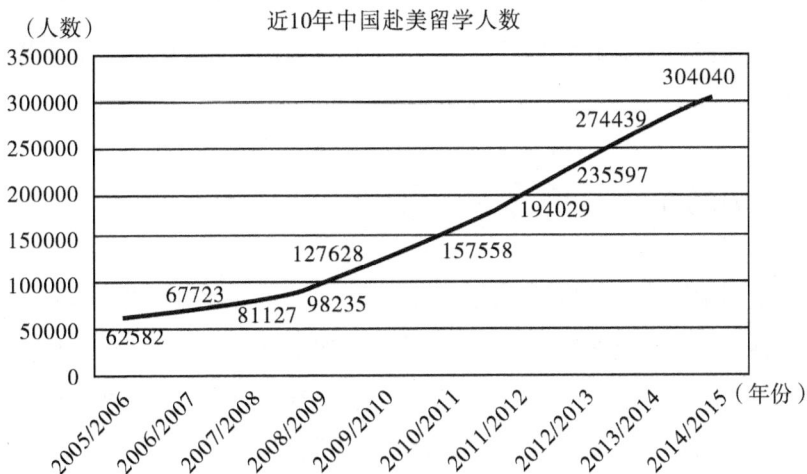

图 6-1　近十年中国赴美留学人数线状图

---

① http://www.laseadu.com/laseduhtml/usa/qianyan/11610.html,2017-12-12。

出国留学不再是高不可攀的事情，留学生应该对自己的赴美留学经历有正确的认识，不能以天之骄子身份自诩，要客观冷静地看待自己的留学经历，用平和的心态看待自己所取得的成绩，以平常心看待自己的留学经历，不要以此作为俯视他人的资本。

二、宽容自己

赴美留学绝不仅仅是简单的更换学习地点，其实这种不同国度的学习经历蕴含着丰富的社会文化环境适应。赴美留学学生不能用自己在国内的各种社会适应状态与在美情况做比较。不能为自己制订高于实际情况的不切实际的社会适应计划，或对自己提出刻薄无理的要求。地域限制、文化限制、社会空间限制等各种限制影响着在美留学生各种目标的实现，应将客观不利因素考虑到生活目标的制定和实施过程中。留学生在尽力实现各种社会适应目标的过程中若遇到了不能完全实现的情况，对自己要多给予宽容和谅解。无需在陌生环境中再给自己平添多余的压力。

三、亲善示人，诚恳寻求帮助

受访中国女留学生普遍认为，较男生而言，女生似乎更加容易在美国社会中生活。究其原因，是因为多数情况下女生给人以和善亲切的形象，社会对女生会更多一些关怀和照顾，往往女生会以一种弱者或者是需要呵护的身份出现，容易引起其他人的关怀和照顾。

[案例十三] 美国简直就是女生的天堂。男人在这里要想生存，和美国人平起平坐很难，别人都觉得你是男人，不需要帮助和关怀，什么事都可以自己做好。其实男生和女生不一样，虽然刚来时大家什么都不知道，女生就会有人带着办所有的事情，什么开

户，办银行卡，去 Visa Service，反正干什么事情都会有人陪，别管是中国人还是外国人陪。男生就不一样了，谁管你啊，自己办吧。女生做错了事情，只要一个微笑，人家就原谅了，不会有什么不可挽回的后果。男生不一样，做得不好，以后就没有办法待下去了。

[案例二] 她们都说这里的治安不是很好，特别是和黑人打交道的时候要注意。我就不怕，你相信吗？我在这里可以随便在路上找几个人帮我搬东西。上次我搬家，需要搬桌子和床垫，我就在路上找了三个正在走路的黑人，我问他们能不能帮我搬一下桌子，他们就同意了。一般情况下人家都不会拒绝的，所以我没有花一分钱，就把事情办好了。在美国和人打交道很容易的，只要你真心对别人，别人就会真心对你的，比在中国容易得多。

[案例五] 我觉得微笑是最好的法宝，需要帮助的时候就向别人微笑。我觉得微笑是最好的麻醉剂，不管别人怎样心情不好或者是怎样的不乐意，只要你先微笑，就是先发制人。如果想达到自己的目的，有时候就需要放下架子，想得到别人的帮助就先微笑吧。

其实上面两位受访者谈到的微笑就是亲善示人。第一印象不论在中国还是美国都很重要。在人际交往中保持微笑，至少有以下几个方面的作用，一是表现心境良好。面露平和欢愉的微笑，说明心情愉快，充实满足，乐观向上，善待人生，这样的人才会产生吸引别人的魅力。二是表现充满自信。面带微笑，表明对自己的能力有充分的信心，以不卑不亢的态度与人交往，使人产生信任感，容易被别人真正地接受。三是表现真诚友善。微笑反映自己心底坦荡、善良友好，待人真心实意，而非虚情假意，使人在与其交往中自然放松，不知不觉地缩短了心理距离。四是表现乐业敬业。工作岗位上保持微笑，说明热爱本职工作，乐于恪尽职守。如在服务岗位，微笑更是可以创造一种和谐融洽的气氛，让服务对象倍感愉快和温暖。①人际交往也是社会适应的一部分。微笑示人可以为更好地适应社会提供便利。

① http://zhidao.baidu.com/question/43580582,2017-12-12。

第四节 小　　结

　　留学生活不可避免地面临各种适应需求，如何适应留学生活，笔者根据访谈对象的身份特殊性提出留学生活中提高社会适应程度的策略。

　　学习适应方面，首先需要攻克语言关。良好的中文相关专业知识的储备可以暂时缓解学习过程中遇到的专业困难，在学习的前期启动过程中有重要影响，但是，若想真正融入美国学习环境，学习语言的掌握不可避免。学习习惯的适应伴随在整个学习过程中，特别是学习生活开始的前期，学习习惯的调整是其他各项学习适应的前提也是结果。学习习惯的调整如同一个学习适应过程的轨道，只有将自己的学习轨道重合于美国学生的学习轨道，学习的列车才能顺利前进，最终到达目的地，完成学业。

　　生活适应方面，语言同样是一个关键。生活语言与学习专业术语不同，生活语言内容更加多样，范围更加广泛，所涉及内容无规律可循，个人生活经历不同对生活语言适应的侧重点略有不同。D大学的中国女留学生主要通过参加非正式的学校组织、社会组织、利用个人周围可利用的社会资源和社会公共资源以及参加专门的语言培训机构以提高个人生活适应程度。生活适应中的身份适应既包括对D大学学生身份的适应也包括对本人外国人身份的适应。在身份适应方面的策略，以主观适应支持和调整为主。

　　心理适应方面，笔者建议留学生对自己有全面客观的评价、不好高骛远或过分强求，也不自怨自艾、消极抵抗。亲善示人、诚恳寻求帮助、宽容自己，全面认识留学生活是提高心理适应的主要渠道。

留学生活的适应策略依据个人情况和面对问题的不同而不同，无统一的策略可言，笔者仅根据访谈对象在 D 大学留学适应过程中出现的问题提出以上有身份针对性的适应策略。

第六章 结论与讨论

一、结论

　　有关特殊群体社会适应和社会支持的研究需要融入动态的研究视角、采取跟踪式研究，持续观察研究对象在一个特定时间的状态，不拘泥于某一个特殊的研究目的，广泛记录研究对象的各个生活片段，从中提炼出材料以达到特定的研究目的。给予研究对象充分的自我叙说机会，让研究对象尽情表达各种内心想法。这些都是贯穿于本书的指导思想。通过持续的观察和访谈，笔者获取了第一手研究资料，对在美国 D 大学的中国女留学生社会适应状况和社会支持获得情况进行了研究，扩展了社会适应和社会支持研究的内容，提出了动态研究和过程研究的观点，对叙说分析研究本身进行了改进和细化，并得出以下研究结论：

　　第一，女留学生与其他移民一样，在融入美国校园生活的过程中面临着社会适应问题。根据女留学生的群体特点，其社会适应的内容可以从学业、生活和心理三个层次来进行分析。

　　在学业适应方面，受访女留学生通过自我调整、集中学业适应目标和适时采取措施解决适应不能的问题，以适应在美国的学习生活。在生活适应方面，通过语言适应、身份认同、社会参与和休闲安排几个主要的生活适应考量维度的测量，受访女留学生在 D 大学的生活适应程度与其他亚洲国家学生的适应程度相近，但是差于来自欧洲、香港等地的留学生。心理适应方面，留学生对于自己中国人身份的认同感很强，国籍身份是中国学生与其他国家人交往过程中经常会提到的话题。对于本人的 D 大学学生身份，不同学生的认识不尽相同，在此时间久、正式入编的学生，会有明显的 D 大学学生的身份认识，刚来的或者是非正式入编的学生，对个人 D 大学学生身份认识淡薄。女留学生在此留学的精神状况较好，能够自己调整自己的精神状况，多数学生能够自得其乐。在休闲活动较国内单调但是休闲内容新鲜，在休闲时间和休闲方式的安排上，社会适应较好的学生，由于社会网络连接和社会网络结构好，休闲内容安排丰富，休闲种类多样，休闲效果好。

第二，虽然女留学生获取各种社会支持的情况不同，但是学业上、生活上和心理上均可获得不同程度的支持。

总体而言，可以将支持的种类分为两类，即经济支持和精神支持。经济支持一部分来自于学生本人的家庭支持，另一部分来自于社会组织或国家。总体而言，单纯依靠家庭支持的学生经济压力相对大于有多重支持来源的留学生。留学生的经济压力形式依其经济支持获取方式不同而不同。留学生所获得的精神支持来源渠道较多，既有来自于国内家人、朋友和正式组织的，也有来自于国外朋友、正式留学生服务组织和非正式组织的。各种精神支持对留学生学习适应、生活适应和心理适应产生影响，但是，应该注意的是学生自身性格、处世哲学、价值观同样也会对其精神状况产生影响，相同精神支持作用于不同留学生个体会产生不一样的效果。在总体评价精神支持效果时，以留学生本人的主观感觉为主。

第三，为了使留学生更好地适应留学生活，笔者以 D 大学访谈学生在此社会适应为例提出个人建议，以帮助留学生在心理上、行动上更好地适应留学生活。

学习适应上首先要提高语言运用能力；其次作为其他适应的基础，储备良好的专业知识。一方面以此克服语言不适应对学习的影响；另一方面以此提高自己学习的积极性和自信心；调整学习时间、学习方式等学习习惯，主动迎合美国学生的学习方式。生活适应上同样需要利用生活中的各项便利以提高生活运用能力，全面认识自己的中国留学生身份，因人而异地适应当地的社会参与和学校参与情况。心理适应的最终目标是让自己的留学生活心情舒畅，因此，可以通过积极的心理适应和消极的心理适应两种途径提高适应能力。

二、讨论

第一，女留学生社会适应研究中是否能够进行量化研究。关于社会适应的测量指标目前学界并没有达成一致，因此对于是否能够通过进行一些定性分析从而归纳出定量分析指标，特别是确定留学生社会适应的定量分析指标，以此来评价留学生社会适应的状况，并且根据不同国家的特殊情况对留学生社会适应指标进行个性化调整仍有待研究。

第二，是否能够将研究对象更加细化。如将研究主体仅仅集中于国家公派女留学生，这样能否在进一步的研究中通过留学生在美社会适应而评价国家公派留学政策的实施效果。

第三，男留学生在美社会适应状况如何。男留学生与女留学生是否有共同点，是否会出现一些新的研究点和研究方向。

第四，中国留学生在其他国家的社会适应是否一样。美国作为移民大国，其为各国留学生提供的学生生活环境与其他国家不同，赴美留学的中国留学生在此社会适应的过程与在其他国家留学的中国留学生的社会适应过程必有差异，是否能够对其他国家的中国留学生的社会适应进行进一步的研究。

三、进一步进行研究的设想

从本书研究结果看，基本上达到了预期目标，对 D 大学中国女留学生社会适应状况进行了深入了解，但是还有需要修改和设计的部分。

第一，本书仅仅局限于 D 大学，由于样本数量有限，不能代表美国其他大学、其他州或者其他国家中国女留学生的社会适应状况。

第二，因为本书所选取的研究对象多为研究生，不能代表本科生和高中生或者其他层次学生的社会适应情况。

第三，在研究过程中，笔者并没有对其他国家留学生的社会适应状况进行研究，因此，缺乏对比研究。

第四，在研究过程中仅仅以中国人的观点看待中国女留学生的社会适应状况，所选择的社会适应指标和对社会适应状况的评价并不具有国际视角。

参 考 文 献

一、中文书籍类

1. 陈成文. 社会弱者论——体制转换时期社会弱者的生活状况与社会支持[M]. 北京：时事出版社，2000.

2. 陈向明. 旅居者和"外国人"——留美中国学生跨文化人际交往研究[M]. 长沙：湖南教育出版社，1998.

3. 陈向明. 质的研究方法与社会科学研究[M]. 北京：教育科学出版社，2000.

4. [美]戴维·波普诺. 社会学(第十版)[M]. 李强，等，译. 北京：中国人民大学出版社，1999.

5. 费孝通. 乡土中国[M]. 北京：三联书店，1985.

6. 风笑天. 落地生根——三峡农村移民的社会适应[M]. 武汉：华中科技大学出版社，2006.

7. 李晓凤，佘双好. 质性研究方法[M]. 武汉：武汉大学出版社，2006.

8. 李银河. 女性权力的崛起[M]. 北京：中国社会科学出版社，1997.

9. 林崇德. 发展心理学[M]. 北京：人民教育出版社，1995.

10. 林娟芬. 妇女晚年丧偶后的适应——一个以台湾地区为例的叙说分析[M]. 上海：上海人民出版社，2007.

11. 林南. 社会资本：关于社会结构与行动的理论[M]. 上海：上海人

民出版社，2005.

12. ［美］罗森堡·莫里斯. 社会学观点的社会心理学手册［M］. 孙非，译. 天津：南开大学出版社，1992.

13. ［美］马克斯·韦伯. 经济与社会［M］. 林荣远，译. 北京：商务印书馆，1997.

14. ［美］迈克尔·辛格尔特里. 大众传播研究［M］. 北京：华夏出版社，2000.

15. ［美］梅拉妮·莫特纳. 质性研究的伦理［M］. 丁三东，等，译. 重庆：重庆大学出版社，2008.

16. ［美］米德. 心灵、自我与社会［M］. 霍桂桓，译. 北京：华夏出版社，1999.

17. ［美］乔纳森·特纳，勒奥纳德·毕福勒. 社会学理论的兴起［M］. 侯钧生，等，译. 天津：天津人民出版社，2006.

18. ［美］乔纳森·特纳. 社会理论的结构［M］. 邱泽奇，张茂元，等，译. 北京：华夏出版社，2006.

19. ［美］迈克尔·M. 塞尼. 移民与发展［M］. 南京：河海大学出版社，1996.

20. 沈奕斐. 被建构的女性——当代社会性别理论［M］. 上海：上海人民出版社，2007.

21. 徐光兴. 跨文化适应的留学生活［M］. 上海：上海辞书出版社，2000.

22. 郑杭生. 转型中的中国社会与中国社会的转型［M］. 北京：首都师范大学出版社，1996.

23. 郑也夫，彭泗清，等. 中国社会的信任［M］. 北京：中国城市出版社，2003.

24. 周晓虹. 现代社会心理学［M］. 上海：上海人民出版社，2003.

25. 周长城. 全面小康：生活质量与测量——国际视野下的生活质量指标［M］. 北京：社会科学文献出版社，2003.

26. 周长城. 主观生活质量：指标构建及其评价［M］. 北京：社会科学

文献出版社，2008.

27. 周长城. 生活质量的指标构建及其现状评价［M］. 北京：经济科学
    出版社，2009.

二、中文期刊论文类

1. 蔡禾. 城市居民和郊区农村居民寻求社会支援的社会关系意向比
   较［J］. 社会学研究，1997(6).

2. 陈慧，车宏生. 跨文化适应影响因素研究述评［J］. 心理科学进展，
   2003(11).

3. 陈建文. 论社会适应［J］. 西南大学学报(社会科学版)，2010(1).

4. 程刚. 我国现阶段家庭地位心理成因探讨［J］. 湖北大学学报(哲学
   社会科学版)，1994(5).

5. 丁宇，肖凌，郭文斌，黄敏儿. 社会支持在生活之间——心理健康
   关系中的作用模型［J］. 中国健康心理学杂志，2005(3).

6. 杜健梅，风笑天. 人际关系适应性：三峡农村移民的研究［J］. 社会，
   2000(8).

7. 风笑天. "落地生根"？——三峡农村移民的社会适应［J］. 社会学研
   究，2004(5).

8. 冯廷勇，苏缇，胡兴旺，李红. 大学生学习适应量表的编制［J］. 心
   理学报，2006(38).

9. 桂勇，黄荣贵. 城市社区：共同体还是"互不相关的邻里"［J］. 华中
   师范大学学报(人文社会科学版)，2006(6).

10. 贺寨平. 国外社会支持网研究综述［J］. 国外社会科学，2001(1).

11. 胡湘明. 论中国青年心理健康的社会支持系统［J］. 青年探索，1996
    (5).

12. 华桦. 大学生基督徒的身份认同及成因分析［D］. 华东师范大
    学，2007.

13. 贾征，张乾元. 水利移民的社会学分析［J］. 社会学研究，1993(1).

14. 匡碧波. 上海市三峡移民的社会支持网络和社会融合的研究[D]. 上海大学，2004.

15. 雷洪，孙龙. 三峡农村移民生产劳动的适应性[J]. 人口研究，2000 (6).

16. 李冬梅，雷雳，邹泓. 青少年社会适应行为的特征及影响因素[J]. 首都师范大学学报(社会科学版)，2007(2).

17. 李鹤鸣. 三峡库区移民社会生态类型初探[J]. 社会学研究，1994 (3).

18. 李华，蒋华林. 论三峡工程移民的社会融合与社会稳定[J]. 重庆大学学报(社会科学版)，2002(2).

19. 李慧民，王宇明. 1100名大学生社会支持情况调查[J]. 中华医学与健康，2004(1).

20. 李明欢. 20世纪西方国际移民理论[J]. 厦门大学学报(哲学社会科学版)，2000(144).

21. 李强. 社会支持与个体心理健康[J]. 天津社会科学，1998(1).

22. 李艺敏. 河南省大学生社会支持的调查分析[J]. 健康心理学杂志，2003(1).

23. 李玉雄. 当代大学生社会参与状况的调查与思考[J]. 高教论坛，2008(1).

24. 李仲广. 闲暇经济论[D]. 东北财经大学，2005.

25. 凌霄、陈欢欢. 190名师范大学新生入学前后社会支持的变化[J]. 中国行为医学科学，2006(7).

26. 刘军. 女性主义方法研究[J]. 妇女研究论丛，2002(44).

27. 刘玉新. 社会支持与人格对大学生压力的影响[J]. 心理学报，2005 (37).

28. 刘震，雷洪. 三峡移民在社会适应性中的社会心态[J]. 人口研究，1999(2).

29. 罗凌云，风笑天. 三峡农村移民经济生产的适应性[J]. 调研世界，2001(4).

30. 马尚云. 三峡工程库区百万移民的现状与未来[J]. 社会学研究, 1996(4).

31. 苗艳梅, 雷洪. 对三峡移民社区环境适应性状况的考察[J]. 华中科技大学学报, 2001(1).

32. 尚亚飞, 聂衍刚. 青少年生活经历与社会适应行为的关系[J]. 社会心理科学, 2009(5).

33. 聂衍刚. 青少年社会适应行为及影响因素的研究[D]. 华南师范大学, 2005.

34. 聂衍刚, 丁莉. 青少年的自我意识及其与社会适应行为的关系[J]. 心理发展与教育, 2009(2).

35. 聂衍刚, 林崇德, 彭以松, 丁莉, 甘秀英. 青少年社会适应行为的发展特点[J]. 心理学报, 2008(9).

36. 聂衍刚, 郑雪, 万华, 丁莉. 社会适应行为的结构与理论模型[J]. 华南师范大学学报(社会科学版), 2006(6).

37. 丘海雄. 社会支持结构的转变: 从一元到多元[J]. 社会学研究, 1998(4).

38. 尚亚飞, 聂衍刚. 青少年生活经历与社会适应行为的关系[J]. 社会心理科学, 2009(5).

39. 沈黎, 汪光衍. 青少年社会支持研究综述[J]. 青年研究, 2006(7).

40. 时勘, 仲理峰. 青少年学生社会适应能力的自我培养[J]. 中国青年政治学院学报, 2001(6).

41. 谭琳. "双重外来者"的生活——女性婚姻移民的生活经历分析[J]. 社会学研究, 2003(2).

42. 陶沙. 社会支持与大学生入学适应关系的研究[J]. 心理科学, 2003(5).

43. 田澜. 我国中小学生学习适应性研究述评[J]. 心理科学, 2004(27).

44. 汪雁, 风笑天, 朱玲怡. 三峡外迁移民的社区归属感研究[J]. 上海社会科学院学术季刊, 2001(2).

45. 王登峰，崔红. 中国人性别角色量表的建构及其与心理社会适应的关系[J]. 西南大学学报(社会科学版)，2007(4).

46. 习涓，风笑天. 三峡移民对新生活环境的适应性分析[J]. 统计与决策，2001(2).

47. 夏传玲. 计算机辅助的定性分析[J]. 社会学研究，2007(5).

48. 夏丽萍. 略论防止青少年犯罪的社会支持系统的建构[J]. 青少年犯罪问题，2002(6).

49. 许艳，谭琳. 女性主义方法论：不平等挑战的方法论[J]. 浙江学刊，2000(5).

50. 严文华. 跨文化适应与应激、应激源研究：中国学生、学者在德国[J]. 心理科学，2007(30).

51. 尹海洁. 城市贫困人口的经济支持网研究[D]. 哈尔滨工业大学，2006.

52. 于肖楠，张建. 韧性——在压力下复原和成长的心理机制[J]. 心理科学进展，2005(5).

53. 张强. 大学生社会支持与心理健康的关系[J]. 中国健康心理学杂志，2004(12).

54. 张青松. 三峡移民的社会支持网[J]. 社会，2000(1).

55. 张文宏，阮丹青. 城乡居民的社会支持网[J]. 社会学研究，1999(3).

56. 张雯，郑日昌. 初中生社会支持特点的调查分析[J]. 中国健康心理学杂志，2004(12).

57. 赵丽丽. 我国女性婚姻移民研究的回顾与反思[J]. 同济大学学报(社会科学版)，2007(4).

58. 赵丽丽. 城市女性婚姻移民的社会适应和社会支持研究[D]. 上海大学，2008.

59. 赵丽丽. 城市女性婚姻移民的社会适应及其影响因素研究——对上海市"外来媳妇"的调查[J]. 上海交通大学学报(哲学社会科学版)，2008(3).

60. 赵宜胜. 三峡工程移民问题对社会学的呼唤[J]. 社会学研究，1993
    (2).

61. 赵志裕，温静，谭俭邦. 社会认同的基本心理历程——香港回归的
    研究范例[J]. 社会学研究，2005(5).

62. 郑丹丹，雷洪. 三峡移民社会适应性中的主观能动性[J]. 华中科技
    大学学报，2002(3).

63. 郑雯，胡竹菁. 不同层次学生的社会支持与主观幸福感的比较[J].
    国际中华应用心理学杂志，2005(2).

64. 周明宝. 城市滞留型青年农民工的文化适应与身份认同[J]. 社会，
    2004(5).

65. 周佳懿. 上海女性婚姻移民社会适应个案研究[J]. 法制与社会，
    2009(4).

三、外文参考文献

1. Abbott, A. Things of Boundaries[J]. Social Research，1995(62).

2. Barrera, M J, Sandler, I N, Ramsay, T B. Preliminary Development
   of a Scale of Social Support: Studies of College Students[J]. American
   Journal of Community Psychology，1981(9).

3. Bem, S L. The Measurement of Psychological Androgyny[J]. Journal of
   Consulting and Clinical Psychology，1974(42).

4. Buehaxm A, Flouri E. Recovery after Age 7 from "Externalising Behavior
   Problems: the Role of Risk and Protective Clusters"[J]. Children and
   Youth Services Review，2001(23).

5. Compas B E. Process of Risk and Resilience During Adolescence[M]//
   Richard M. Lerner Laurence Steinberg. Adolescent Psychology，Wiley:
   John Wiley，2004.

6. Cook, J A, Mary, M. F. Knowledge and Women's Interests: Issues of
   Epistemology and Methodology in Feminist Sociological Research[J].

Sociological Inquiry, 1986(56).

7. Creswell, J W. Research Design: Qualitative & Quantitative Approaches[M]. Newbury Park: Sage Publications, 1994.

8. Cutrona, C E. Stress and Social Support-in Search of Optimal Matching[J]. Journal of Social and Clinical Psychology, 1990(9).

9. Denzin, N K, Yonna S L. Introduction: the Discipline and Practice of Qualitative Research[M]// Denzin, N K, Lincoln Y S. Handbook of Qualitative Research, Calif: Sage Publications, 1994.

10. Dwyer S B, Nicholson J M L, Huesmann R. Explaining Gender Differences in Crime and Violence: The Importance of Social Cognitive Skills[J]. Aggression and Violent Behavior, 2005(10).

11. Eriksen, T H. We and Us: Two Wodes of Group Identification[J]. Journal of Peace Research, 1995(32).

12. Gartsteina M A, Fagot B I. Parental Depression, Parenting and Family Adjustment, and Child Effortful Control: Explaining Externalizing Behaviors for Preschool Children [J]. Applied Developmental Psychology, 2003(24).

13. Geertz, C. The Interpretation of Cultures: Selected Essays[M]. New York: Basic Books Inc, 1973.

14. Hogg, M A, Fielding, K S, Johnson, D, Masser, B, Russell, E E, Sevensson, A. Demographic Category Membership and Leadership in Small Groups: A Social Identity Analysis [J]. The Leadership Quarterly, 2006(17).

15. Kutcher S, Kmumakar V, LeBlane J. The Characteristics of Asymptomatic Female Adolescents at High Risk for Depression: the Baseline Assessment from a Prospective 8-year Study [J]. Journal of Affective Disorders, 2004(79).

16. Maguire, L. Social Support System in Practice: a Generalist Approach [M]. Silver Spring, MD: National Association of Social

Worker, 1991.

17. Mohanty C T. Under Western Eyes: Feminist Scholarship and Colonial Discourses[J]. Feminist Review, 1988(30).

18. Moustakis, C. Heuristic Research Design, Methodology, and Applications[M]. Newbury Park: Sage Publications, 1990.

19. Pelkonen M, Mllrttullen M, Aro H. Risk for Depression: a 6-Year Follow-up of Finnish Adolescents [J]. Journal of Affective Disorders, 2003(77).

20. Doeringer, P B, Piore, M J. Internal Labor Markets and Manpower Analysis[M]. Lexington, Mass: D. C. Heath, 1970.

21. Polkinghorne, D E. Nattative Knowing and Human Sciaence[M]. New York: State University of New York Press, 1988.

22. Sauer, W J, Coward, R T. The Role of Social Networks in the Care of the Elderly[M]// W. J. Sauer, R. T. Coward. Social Support Network and the Care of the Elderly, New York: Springer Publishing Company, Inc, 1985.

23. Sherif, M, Harvey, O J, White, B J, Hood, W R. Intergroup Conflict and Cooperation: the Robbers Cave Experiment[M]. Norman: University of Oklahoma Book Exchange, 1961.

24. Sherif, M, In Common Predicament: Social Psychology of Intergroup Conflict and Cooperation[M]. Boston: Houghton- Miffin, 1966.

25. Sjaastad L A. The Costs and Returns of Human Migration[J]. Journal of Political Economy, 1962(70).

26. Smokowski P R, Mann E A, Reynods, A J. Childhood Risk and Protective Factors and Late Adolescent, Adjustment in Inner City Minority Youth[J]. Children and Youth Services Review, 2004(26).

27. Stitlla S M, Smitha D B, Penna C E. Intimate Partner Physical Abuse Perpetration and Victimization Risk Factors, A Meta-Analytic Review[J]. Aggression and Violent Behavior, 2004(10).

28. Storvoll E E, Wichstrom L. Do the Risk Factors Associated with Conduct Problem in Adolescent, Vary According to Gender? [J]. Journal of Adolescence, 2002(25).

29. Smythe, W E, Murray, M J. Owning the Story: Ethical Considerations in Narrative Research[J]. Ethics & Behavor, 2000(10).

30. Swagler, M A, Ellis, M V. Crossing the Distance: Adjustment of Taiwanese Graduate Students in the United States [J]. Journal of Counseling Psychology, 2003(50).

31. Thoits, P A. Conceptual, Methodological, and Theoretical Problems in Studying Social Support as a Buffer Against Life Stress[J]. Journal of Health and Social Behavior, 1982(23).

32. Trinidada D R, Ungerb J B, Choub C P. The Protective Association of Emotional Intelligence with Psychosocial Smoking Risk Factors for Adolescents[J]. Personality and Individual Differences, 2004(36).

33. Tsang, E W K. Adjustment of Mainland Chinese Academics and Students to Singapore [J]. International Journal of Intercultural Relations, 2001(25).

34. Vachon, M L. S, Stylianos, S. K. The Role of Social Support in Bereavement[J]. Journal of Social Issues, 1988(44).

35. Wang, C C D C, Mallinckrodt B. Acculturation, Attachment, and Psychosocial Adjustment of Chinese/Taiwanese International Students[J]. Journal of Counseling Psychology, 2006(53).

36. Ying, Y W. Variation in Acculturative Stressors over Time: A Study of Taiwanese Students in the United States [J]. Journal of Intercultural Relations, 2005(29).

37. Ying, Y, Liese, L H. Initial Adaptation of Taiwan Foreign Students to the United States: The Impact of Prearrival Variables [J]. American Journal of Community Psychology, 1990(18).

38. Ying, Y, Liese, L H. Initial Adjustment of Taiwanese Students in the

United States: The Impact of Post-arrival Variables [J]. Journal of Cross-cultural Psychology, 1994(25).

39. Zheng, X, Berry, J W. Psychological Adaptation of Chinese Sojourners in Canada [J]. International Journal of Psychology, 1991 (26).

40. Jacobson, D. The Immigration Reader, America in a Multidisciplinary Perspective[M]. Massachusetts: Blackwell Pablishers, 1998.

41. Douglas, S M, Joaquin A G, Hugo. A K, Adela P J. Edward T. An Evaluation of International Migration Theory: the North American Case[J]. Population and Development Review, 1994(20).

42. Saskia Sassen. The Mobility of Labor and Capital [M]. Cambridge: Cambridge Univestiy Press, 1988.

43. Bristol, L M. Social Adaptation: A Study in the Development of the Doctrine of Adaptation as a Theory of Social Progress [M]. Boston: Harvard University Press. 1915.

44. Schachter, S. The Interaction of Cognitive and Physiological Determinants of Emotional State[M]// Berkowitz L. Advances in Experimental Social Psychology, New York: Academic Press, 1964.

45. Antonucci, T C, Jackson, J S. The Role of Reciprocity in Social Support [M]// Sarason B. R, Sarason, I G, Pierce, GR. Social Support: An Interaction View, Canada: John Wile & Sons, Inc, 1983.

46. Wellman, B, Wortley, S. Different Strokes from Different Folks: Community Ties and Social Support[J]. American Journal of Sociology, 1990(96).

47. Oded, S. The Mirgration of Labor [M]. Cambridge: Basil Blackwdl, 1991.

48. Cortazzi, M. Narrative Analysis[M]. London: the Flames Press, 1993.

49. Nielsen, J M, Feminist Research Method [M]. Boulder: West view Press, 1993.

50. Stepen, C, Mark J M. The Age of Migration, International Population Movements in the Modern World [M]. Houndmills: MacNSllan Press, 1993.

51. Lewthwaite, M. A Study of International Students' Perspectives on Cross-cultural Adaptation[J]. International Journal for the Advancement of Counseling, 1996(19).

52. Clandinin, D J, Connelly, F M. Narrative Inquiry: Experience and Story in Qualitative Research [M]. San Francisco: Jossey-bass Press, 2000.

53. Black, D A, Heyman, R E, Smith, A M. Risk Factors for Child Physical Abuse[J]. Aggregation and Violent Behavior, 2001(6).

54. Piko, B F, Fitzpatrick, K M. Substance Ise, Religiosity, and Other Protective Factors Among Hungarian Adolescents [J]. Addictive Behaviors, 2004(29).

55. Alloy, L B, Abramson, L Y, Urolevie, S. The Psychological Context of Bipolar Disorder Environmental, Cognitive, and Development Risk Factors[J]. Clinical Psychology Review, 2005(25).

56. Ying, Y, Han, M. The Contribution of Personality, Acculturative Stressors, and Social Affiliation to Adjustment : A Longitudinal Study of Taiwanese Students in the United States [J]. International Journal of Intercultural Relations, 2006(30).

附录一　访谈提纲

一、学业上

1. 与国内相比，留学时期学习上最大的困难在哪里？
2. 与老师和其他研究人员的互动如何？
3. 遇到过困难吗，有困难时怎么办？
4. 对自己学业的总体评价如何？

二、生活上

1. 在这里过得怎么样，想家吗？
2. 觉得美国人怎么样，好相处吗？
3. 会参加外国人的社交活动吗？如果参加，那么频率是怎样的，参与过程中你的角色和感觉怎样？
4. 有没有特别看不惯的外国人的生活习气？他们都怎样看你，怎样评价你？

三、心理上

1. 是否觉得自己是 D 大学的主人，和其他的学生一样？
2. 觉得 D 这个城市怎么样，美国怎么样？

3. 会觉得孤独吗？如果觉得累时怎么办？

四、综合适应

1. 想回国吗？回去后有什么打算？

2. 来之前对这里有什么憧憬？来之后感觉和之前预期的一样吗？

3. 来这里的目的是什么？如果让你重新选择一次，还会选择过来吗？

附录二 访谈者基本资料

编号	年龄	专业	身份	预计留美时间	已到美时间	是否接受国家资助	是否有D大学经费支持
案例一	24	社会学	博士研究生	5年以上	3年	否	是
案例二	24	生物医学	博士研究生	定居	3年	否	是
案例三	29	传播学	联合培养博士	1年	11个月	是	否
案例四	28	社会学	联合培养博士	1年	6个月	是	否
案例五	29	经济学	联合培养博士	1年	6个月	是	否
案例六	34	政治学	联合培养博士	1年	2个月	是	否
案例七	37	医学	博士后	2年以上	1年	否	是
案例八	28	医学	硕士研究生	定居	8个月	否	是
案例九	24	生物学	博士研究生	5年以上	9个月	否	否
案例十	25	生物学	硕士研究生	2年以上	15个月	否	否
案例十一	32	生物学	联合培养博士	2年以上	10个月	是	否
案例十二	37	医学	联合培养博士	2年以上	12个月	否	否
案例十三	30	医学	联合培养博士	2年以上	20个月	是	是
案例十四	29	化学	博士研究生	缺失	不到1个月	是	否
案例十五	20	文学	本科生	定居	10年以上	否	否